新白領階級

White-Collar Blues

原著：Charles Heckscher

譯者：蔡佩眞

校閱者：王雲龍

弘智文化事業有限公司

Charles Heckscher

White- Collar Blues

Management
Loyalties in an Age
of Corporate Restructuring

ISBN   957-0453-19-2

Printed in Taiwan, Republic of China

校閱序

超越的專業主義
(Transcendent Professionalism)

在第三波資訊革命之後，隨著數位化科技的創新與網際網路的開放，人類社會正大步邁向新的知識經濟時代。一如工業革命之後，新興的經營典範在電子商務的洪流中浮現。不只是實體被解構，商業模式也在改變，組織間的也有既競爭又合作(Co-petion)關係，又因為網路虛擬社群的形成，也有了網路公民(Netizens)的新名詞，我想這個時代需要傳統與創新均衡的「超越」(Transcendence)的新觀點。

傳統的職業倫理觀點，認為企業與員工關係是一種階級的交換關係，企業以對員工的保障來換取他們對公司的忠誠，而員工則以忠心換取公司的保障，此種交易形式行之已久。但是本書作者(Lee-Peggy)在研究過十四家企業有關中階主管對忠誠與承諾的看法之後，發現那些始終堅

持企業忠誠的公司普遍在經營實務上表現不盡理想，而這個觀察的結果，除了提供本書的立論基礎，也正是我為新白領階級定位為超越的專業主義者之意義。

正如作者在書中所述：

「新企業的勞僱關係，個人是基於自發性、主動願意成為公司團隊的一分子，共同為一致的目標而貢獻自己的專業才能，我稱這樣的勞僱關係是基於『專業主義』的立場而形成一個共同體。在這樣的觀念裡，人們並非盡忠於某個公司團體，而是個人所擁有的技能、目標、興趣或合作之情。」

「表現較成功的企業所尋求的是更公平、更尊重個體發展的主僱關係，這樣的改變使企業組成分子由一群為公司付出的人，轉變為一群為了達成共同目的而團結合作的專家。這樣的企業模式還有許多未臻成熟之處，但是它已經讓那些仍陷於一團迷霧中的中階主管們看到了一絲曙光、一線生機。」

其實這些企業忠誠問題的本質，如果回歸到人性的觀點，那麼我們不禁要問：「生活的意義在哪裡？」或「工作的意義是什麼？」也許農業社會的生活哲學是「日出而作，日落而息」；而工業時代的工作哲學是「朝九晚五」；那麼知識經濟時代的哲學呢？應該是強調「工作的生活品質」。

一個強調工作生活品質的企業，應該創造一個良好的工作及組織環境，使員工與組織能夠同時成長；使員工有機會貢獻自己的才能、發揮潛力、體會工作生活的意義，組織則提供必要的工作生活環境，滿足員工需求，促進組織與個人的共存與共榮。

　　你我三生有幸，正處於社會轉型之際，如果你也在思索企業忠誠的新典範是什麼，也許作者已經給了我們一些啟示，我想新白領階級的精神就是超越的專業主義。

黃雲龍 89、10、25

企管系列叢書一主編的話

　　弘智文化事業有限公司一直以出版優質的教科書與增
長智慧的軟性書為其使命，並以心理諮商、企管、調查研
究方法、及促進跨文化瞭解等領域的教科書與工具書為
主，其中較為人熟知的，是由中央研究院調查工作室前主
任章英華先生與前副主任齊力先生規劃翻譯的《應用性
社會科學調查研究方法》系列叢書，以及《社會心理
學》、《教學心理學》、《健康心理學》、《組織變格
心理學》、《生涯咨商》、《追求未來與過去》等心理
諮商叢書。

　　弘智出版社的出版品以翻譯為主，文字品質優良，字
裡行間處處為讀者是否能順暢閱讀、是否能掌握內文真義
而花費極大心力求其信雅達，相信採用過的老師教授應都
有同感。

有鑑於此，加上有感於近年來全球企業競爭激烈，科技上進展迅速，我國又即將加入世界貿易組織，為了能在當前的環境下保持競爭優勢與持續繁榮，企業人才的培育與養成，實屬扎根的重要課題，因此本人與一群教授好友（簡介於下）樂於為該出版社規劃翻譯一套企管系列叢書，在知識傳播上略盡棉薄之力。

　　在選書方面，我們廣泛搜尋各國的優良書籍，包括歐洲、加拿大、印度，以博採各國的精華觀點，並不以美國書為主。在範圍方面，除了傳統的五管之外，為了加強學子的軟性技能，亦選了一些與企管極相關的軟性書籍，包括《如何創造影響力》《新白領階級》《平衡演出》，以及國際企業的相關書籍，都是極值得精讀的好書。目前已選取的書目如下所示（將陸續擴充，以涵蓋各校的選修課程）：

企業管理系列叢書

　　一、生產管理與作業管理類
　　　1.《生產與作業管理》
　　二、財務管理類
　　　2.《財務管理：理論與實務》
　　　3.《國際財務管理：理論與實務》
　　三、行銷管理類
　　　1.《行銷策略》
　　　2.《認識顧客：顧客價值與顧客滿意的新取向》
　　　3.《服務業的行銷與管理》

  新白領階級

4.《服務管理：理論與實務》

5.《行銷量表》

四、人力資源管理類

1.《策略性人力資源管理》

2.《人力資源策略》

3.《全面品質管理與人力資源管理》

4.《新白領階級》

五、一般管理類

1.《管理概論：全面品質管理取向》

2.《如何創造影響力》

3.《平衡演出》

4.《國際企業與社會》

5.《策略管理》

6.《全面品質管理》

7.《組織行為管理》

六、國際企業管理類

1.《國際企業管理》

2.《國際企業與社會》

3.《全球化與企業實務》

我們認為一本好的教科書，不應只是專有名詞的堆積，作者也不應只是紙上談兵、欠缺實務經驗的花拳秀才，因此在選書方面，我們極為重視理論與實務的銜接，務使學子閱讀一章有一章的領悟，對實務現況有更深刻的體認及產生濃厚的興趣。以本系列叢書的《生產與作業

管理》一書爲例，該書爲英國五位頂尖教授精心之作，除了架構完整、邏輯綿密之外，全書並處處穿插圖例說明及１４０餘篇引人入勝的專欄故事，包括像傢俱業巨擘IKEA、推動環保理念不遺力的 BODY SHOP、俄羅斯眼科怪傑的手術奇觀、美國旅館業巨人 Formule1 的經營手法、全球運輸大王 TNT、荷蘭阿姆斯特丹花卉拍賣場的作業流程、世界著名的巧克力製造商 Godia、全歐洲最大的零售商 Aldi、德國窗戶製造商 Veka、英國路華汽車Rover的振興史，讀來極易使人對於生產與作業管理留下深刻印象及產生濃厚興趣。

我們希望教科書能像小說那般緊湊與充滿趣味性，也衷心感謝你(妳)的採用。任何意見，請不吝斧正。

我們的審稿委員謹簡介如下(按姓氏筆劃)：

尙榮安　　助理教授

主修：國立台灣大學商學研究所　資訊管理博士

專長：資訊管理、策略管理、研究方法、組織理論

現職：東吳大學企業管理系助理教授

經歷：屏東科技大學資訊管理系助理教授、電算中心
　　　教學資訊組組長(1997-1999)

吳學良　　博士

主修：英國伯明翰大學　商學博士

專長：產業政策、策略管理、科技管理、政府與企業
　　　等相關領域

現職：行政院經濟建設委員會，部門計劃處，技正
經歷：英國伯明翰大學，產業策略研究中心兼任研究
　　　員(1995-1996)
　　　行政院經濟建設委員會，薦任技士（ 1989-
　　　1994）
　　　工業技術研究院工業材料研究所， 副研究員
　　　(1989)

林曾祥　　副教授

主修：國立清華大學工業工程與工程管理研究所 資
　　　訊與作業研究博士
專長：統計學、作業研究、管理科學、績效評估、專
　　　案管理、商業自動化
現職：國立中央警察大學資訊管理研究所副教授
經歷：國立屏東商業技術學院企業管理副教授兼科主
　　　任(1994-1997)
　　　國立雲林科技大學工業管理研究所兼任副教授
　　　元智大學會計學系兼任副教授

林家五　　助理教授

主修：國立台灣大學商學研究所組 織行為與人力資
　　　源管理博士
專長：組織行為、組織理論、組織變革與發展、人力
　　　資源管理、消費者心理學
現職：國立東華大學企業管理學系助理教授

經歷：國立台灣大學工商心理學研究室研究員(1996-
1999)

侯嘉政　副教授

主修：國立台灣大學商學研究所 策略管理博士

專長：

現職：國立嘉義大學企業管理系副教授

經歷：

高俊雄　副教授

主修：美國印第安那大學 博士

專長：企業管理、運動產業分析、休閒管理、服務業
管理

現職：國立體育學院體育管理系副教授、體育管理系
主任

經歷：國立體育學院主任秘書

孫　遜　助理教授

主修：澳洲新南威爾斯大學 作業研究博士 (1992-
1996)

專長：作業研究、生產/作業管理、行銷管理、物流
管理、工程經濟、統計學

現職：國防管理學院企管系暨後勤管理研究所助理教
授 (1998)

經歷：文化大學企管系兼任助理教授 (1999)

明新技術學院企管系兼任助理教授（1998）

國防管理學院企管系講師（1997－1998）

聯勤總部計劃署外事聯絡官（1996－1997）

聯勤總部計劃署系統分系官（1990－1992）

聯勤總部計劃署人力管理官（1988－1990）

黃志典　　副教授

主修：美國威斯康辛大學麥迪遜校區　經濟學博士

專長：國際金融、金融市場與機構、貨幣銀行

現職：國立台灣大學國際企業管理系副教授

經歷：

黃家齊　　助理教授

主修：國立台灣大學商學研究所　商學博士

專長：人力資源管理、組織理論、組織行為

現職：東吳大學企業管理系助理教授、副主任，東吳
　　　企管文教基金會執行長

經歷：東吳企管文教基金會副執行長（1999）
　　　國立台灣大學工商管理系兼任講師
　　　元智大學資訊管理系兼任講師
　　　中原大學資訊管理系兼任講師

黃雲龍　　助理教授

主修：國立台灣大學商學研究所　資訊管理博士

專長：資訊管理、人力資源管理、資訊檢索、虛擬組

織、知識管理、電子商務

現職：國立體育學院體育管理系助理教授，兼任教務
處註冊組、課務組主任

經歷：國立政治大學圖書資訊學研究所博士後研究
（1997-1998）
景文技術學院資訊管理系助理教授、電子計算
機中心主任(1998-1999)
台灣大學資訊管理學系兼任助理教授(1997-
2000)

連雅慧　　助理教授

主修：美國明尼蘇達大學人力資源發展博士

專長：組織發展、訓練發展、人力資源管理、組織
學習、研究方法

現職：國立中正大學企業管理系助理教授

經歷：

許碧芬　　副教授

主修：國立台灣大學商學研究所 組織行為與人力資
源管理博士

專長：組織行為/人力資源管理、組織理論、行銷管
理

現職：靜宜大學企業管理系副教授

經歷：東海大學企業管理學系兼任副教授　(1996-
2000)

陳勝源　　副教授

主修：國立臺灣大學商學研究所 財務管理博士

專長：國際財務管理、投資學、選擇權理論與實務、
　　　期貨理論、金融機構與市場

現職：銘傳大學管理學院金融研究所副教授

經歷：銘傳管理學院金融研究所副教授兼研究發展室
　　　主任(1995-1996)

　　　銘傳管理學院金融研究所副教授兼保險系主任
　　　(1994-1995)

　　　國立中央大學財務管理系所兼任副教授(1994-
　　　1995)

　　　世界新聞傳播學院傳播管理學系副教授(1993-
　　　1994)

　　　國立臺灣大學財務金融學系兼任講師、副教授
　　　(1990-2000)

劉念琪　　助理教授

主修：美國明尼蘇達大學人力資源發展博士

專長：

現職：國立中央大學人力資源管理研究所助理教授

經歷：

謝棟梁　　博士

主修：國立台灣大學商學研究所 資訊管理博士

專長：資訊管理、策略管理、財務管理、組織理論

現職：行政院經濟建設委員會

經歷：國立台灣大學資訊管理系兼任助理教授(1999-
2001）

文化大學企業管理系兼任助理教授

證卷暨期貨發展基金會測驗中心主任

中國石油公司資訊處軟體工程師

農民銀行行員

謝智謀　　助理教授

主修：美國Indiana University公園與遊憩管理學
系休閒行為哲學博士

專長：休閒行為、休閒教育與諮商、統計學、研究方
法、行銷管理

現職：國立體育學院體育管理學系助理教授、國際學
術交流中心執行秘書

中國文化大學觀光研究所兼任助理教授

經歷：Indiana University 老人與高齡化中心統計
顧問

Indiana University 體育健康休閒學院統計
助理講師

目錄

校閱序‥‥I

主編的話‥‥1

目錄‥‥1

Part Ⅰ　改變遊戲規則‥‥1

　第一章　飽受抨擊的中階主管‥‥3

　第二章　忠誠的意義‥‥21

Part Ⅱ　處於危機中的傳統社羣‥‥57

　第三章　裁員風波所造成的震撼‥‥59

　第四章　退縮以求自治‥‥93

　第五章　故步自封：員工參與管理的缺失‥‥129

　第六章　忠誠主義的桎梏‥‥161

Part Ⅲ　勞僱關係新解‥‥203

　第七章　突破性發展：目的共同體之建構‥‥205

　第八章　新興的勞僱關係‥‥247

　第九章　尾聲：專業主管‥‥287

　附錄‥‥309

改變遊戲規則

1.

飽受抨擊的中階主管

　　二十年來，中階主管們不斷遭受抨擊。這些人被公認為官僚體制（Bureaucracy）衍生的一群廢物一位居高職卻不事生產。同時，人們也常批評他們缺乏「開創精神」（entrepreneurship）。中階主管們不斷遭人詬病的原因是：大家認為，他們正是造成現在企業界首度大幅裁員風波的始作俑者。這種情況深深影響了財富的分配，也顯示企業組織正經歷著十分重大的變革。早在本世紀初，這些中階主管們就是當時在企業界實施官僚體制的先鋒，如今他們自然也必須為這個體制在各界所受到的抨擊付出代價。

　　近幾年來，各大公司裁員行動之頻繁，就連那些不太關心頭條新聞的人都已經對這種情況習以為常。包括

企圖提倡嶄新職場文化的通用電子公司（General Elec-tric）、一向奉忠誠和承諾爲圭臬而成爲企業典範的IBM公司、近年來表現急遽衰退的通用汽車公司（Gen-eral Motors），還有從任何一方面看來都十分健全、獲利十分可觀的全錄公司（Xerox）都面臨了相同的處境。美國管理協會（American Management Associa-tion）的年度調查報告指出，在1988年至1993年間，有三分之二以上的會員公司有過裁員的舉動。這份調查同時也顯示，佔工作人口僅百分之八的中階主管，有百分之十九也遭到裁員的命運。

　　這些中階主管的命運，與整個大環境的命運息息相關，他們比其他任何人更仰賴中產階級的存在。這個社會階層人士的生活圈子形成了所謂「郊區」的生活型態，並過著美國文化中典型的「優質生活」。那些時時必須擔心遭到解僱、總是得面對不安穩命運的藍領階級們，一度十分嫉妒這些工作穩定、又有額外津貼可領的中階主管，也對於自己的下一代能躋身其中寄予厚望。他們相信，要想在上流社會分一杯羹，就必須向企業中官僚體制的安全地帶靠攏。長久以來，美國數百萬勞工們之所以一直對中產階級的身分地位十分憧憬，良好的生活環境是其中一個非常重要的因素。

　　一直到大約十年前，這項社會迷思都有事實作爲後盾。中階主管是當時社會中頗受重視的一個族群，大部分公司裡的中階主管幾乎都是有保障的終身職：當公司財務吃緊時，必定先裁減勞工人數以減少支出，而中階主管卻

從來不必擔心失業的問題。中階主管就如同萬年企業中的萬年員工一般，他們可以得到較好的待遇，並且絕對可以持續地在工作中獲得成就感及各種回饋。而中階主管也不像高級主管必須承受那麼大的工作壓力：他們的工作時間通常是固定的朝九晚五。因此，這個社會階層的人大多十分滿意他們的生活，並且像這樣的中階主管在戰後也有愈來愈多的趨勢。

有人認為這樣的榮耀，是中階主管們應得的，因為他們在促進本世紀經濟發展大幅躍升的大型企業集團中是首要功臣。傑出的現代企業經營史學家錢德勒（Alfred Chandler）認為，讓負責職務分派及統籌的中階主管與負責公司政策與策略的高級主管各司其職是非常重要。在兩次大戰之間的幾年裡，這個創新的觀念為通用汽車公司（General Motors）和杜邦公司（Dupont）創造了極佳的競爭力，也為這兩大公司提昇了不少生產力。這種由史隆（Alfred Sloan）所闡揚的「分工的官僚體制」觀念，依靠的就是以錢德勒（Alfred Chandler）為首所發展出來的行政技巧。

近幾年來發生在各大企業中的裁員風波卻粉碎了上述的模式。公司結構的變革迫使主管捨棄原本安樂的生活型態，轉而投入另一場激烈的職場競爭。對於仍然得以留在公司的主管而言，工作也多了幾分風險：他們的安全感大幅降低，時時擔心表現不佳而丟了飯碗，此外，公司裡可供差遣的人力減少了；所有前所未有的風險與人力資源不足的情況，對中階主管們造成不少的壓力。他們必須加倍

努力爲公司創造更好的業績，還得表現得比其他同事傑出才行！既然主管部門必須縮編，晉升的機會勢必隨之減少，因此，公司不再以升職作爲工作表現穩定的必然報酬，在這種情況下，裁員行動的確逐漸消弭了主管與一般員工之間的差距：長久以來，這是企業界首度把中階主管視爲公司的「流動人口」而非「固定班底」。

爲什麼會這樣呢？

首先，我認爲一般人對這種情況的解釋完全不合常理。通常經濟學者及專家們會把公司結構的轉變歸咎於國際間的競爭和產業技術的革新。這種說法讓人們以爲，一旦公司遭受外來壓力，中階主管部門必然需要轉型。然而，這卻無法解釋近十年來企業組織內部爲何會產生如此重大的變革。

不可否認的，近二十年來，來自日本及其他國家的競爭與日俱增。自 1970 年起，由於生產量與所得成長之比例大幅滑落，美國再也無法主宰全球經濟大權。許多企業原本已經與本土競爭者共同揣摩出一套生存法則，如今卻在外敵環伺下飽受衝擊。在這樣的壓力之下，企業界自然只能以刪減預算作爲應變措施之一。

不過，即使國際間的競爭確實讓美國本土的企業感受到些許壓力，卻不是造成企業結構大幅改變的主因。這一連串複雜的情況均無法以「國際競爭」這個理由一筆帶過。

⊙ 並不是只有因爲競爭導致危機的公司才會有裁員及重新整頓內部組織的問題，美國整個經濟體制都受

到這些風波的侵襲，就連體制最健全的企業也不得倖免。

⊙ 一直以來，總會有些企業出現經營危機，但是在1970年以前，鮮少有公司會裁減主管部門以求自保。以下我舉一個知名企業作為例子：1979年，當克萊斯勒（Chrysler）汽車公司面臨即將緊急解散的危機而求助於聯邦政府時，他們並沒有以裁減中階主管人數作為首要的解決方案，反而是後來因為其它的因素，才使克萊斯勒採取這個前所未聞的行動。

⊙ 同時，在80年代，美國在國際貿易上的頭號強敵一日本一卻完全沒有需要裁員的問題。因此，我們不能將美國企業所面臨的裁員風波完全歸咎於國際競爭。在日本，至少在公司裡，日本人是十分篤信穩定性與忠誠的。的確，日本與美國不同之處就在於：日本已經將穩定性及忠誠這兩項要素擴及至藍領階級的工作信念中。一般而言，日本的公司及企業非常不願意解僱他們的員工。雖然我無法比較日本與美國兩地主管階級的確實人數，但是美國的主管們普遍認為，日本的中階主管人數有過多的現象。由此可見，美國本土企業界並不是因為國際競爭而對中階主管採取不一樣的待遇。

⊙ 許多公司進行改革是為了公司本身的利益，而非營運出現危機。以1988年為例，當時的美國管理協會中，不到半數的公司是因為業務減少而進行縮編。

自此之後，雖然比例持續成長著，但是大部分的會員公司仍然不認為業績壓力是使公司縮編的關鍵。至少有大約一半的會員公司為裁員提出了解釋：這麼做是為了要更有效地運用人力資源。

　　簡而言之，公司對待中階主管的態度之所以轉變，並不完全因為國際競爭。相互競爭的局面或許為企業創造了轉型的機會，也或許只是替公司找到解僱員工的藉口，但是這種想要突破現狀、有所作為的意圖卻不是企業危機能夠引發的反應。

　　至於新資訊技術影響主管階層人事變動的說法，也不盡客觀。新的理論固然可以為管理工作注入新的生命力、開創嶄新的管理風格，然而這些新技術理論實際上都還不成氣候。大約自 1985 年起，開始有些主管們以電腦來輔助管理工作，但是在大部分的公司裡，要到 1990 年以後電腦的使用率才大量增加，而中階主管裁員風波早在 1975 年以前就開始盛行。因此，就時間上的考量來說，新資訊技術的發展不可能導致企業界對中階主管的漠視。此外，電腦化的利弊對於企業界而言也尚未分明：運用電腦技術可以讓中階主管的工作更加得心應手，但是卻也可能妨害他們的工作表現。許多有先知灼見的人就擔心，電腦的出現可能會使更多官僚作風的人透過網路應用而擴張他們的勢力範圍。

　　總之，這些因素都不足以說明主管與公司之間關係的變化。此外，當我們深入探究這種轉變的起源時，卻有證

據顯示，在危機意識出現之前，中階主管的工作已經有了很大的改變。

　　一般人對於主管階層之工作內容的刻板印象，不外乎整天坐在辦公室裡，還得處理一大堆文件，包括審閱幹部們送來的工作報告，再將這些報告依工作流程分別呈交給高層主管或退回原處。根據1940年至1950年間所做的研究（本書往後的章節中將會再探討這項研究），上面所提到的刻板印象和實際情況相去不遠。不過，許多曾經長期擔任管理工作的人都同意，自1960年以後，中階主管必須花更多時間在開會及解決公司問題上。近年來，中階主管們經歷了一些困難重重的過渡時期，例如公司內部權力的轉移、財政困難及特別專案小組的成立等。這些現象之所以會發生，並不是因為他們不願意延續過去的傳統，而是他們長久以來進行的工作模式出現了緊張的情勢。

　　這種種證據都能夠讓我們了解到，光是競爭和科技革新是不足以導致公司縮編的，外在的危機充其量只會加速原本已經在進行的變遷罷了。這些變化所產生的效應並未受到日本或美國的傳統之認同，但是它或多或少都為我們指引出一個新方向。企業轉型過程帶來的影響已經徹底顛覆了舊有的價值觀和期望，同時也在創造一套全新的信念。

父權主義式微與專業主管之興起

接下來我們將要探討的中心課題是勞資關係改變的本質。我認為，現在的大型公司已經漸漸揚棄過去父權主義（Paternalism）作風的管理方式，在這種管理方式下所產生的職場倫理也逐漸式微。目前公司與主管們必須在保持個人行事風格與維護團體共識及和諧之間，尋求一個兩全其美的新倫理規範。

我所謂的父權主義是指，公司團體應該為員工提供保障及安全感，相對地，員工則必須絕對效忠公司，在1960年以前，這樣的主僱關係是理所當然的。公司與員工之間向來有著不須言喻的默契：只要員工凡事以公司為重，那麼公司一定會給予相當的保障做為回饋。

官僚作風之所以盛行於企業界，多半就是拜父權主義所形成的職場倫理所賜。官僚體制的基礎在於服從，所有的員工都必須聽從上司的命令做事。而讓員工們願意服從公司的原因則是「忠誠」：員工效忠於公司，才會願意服從上司的所有指示，為公司盡心盡力。

父權主義和官僚作風所造成的複雜情結不僅充斥於商業界，更擴及社會各個階層。上個世紀的經濟結構可稱做「官僚式的資本主義」；這樣的結構影響了社會上主要經濟要角的互動關係。二次大戰後，主宰各經濟大國的「社團主義」（Corporatism）基本上是由公司、勞工和政府這三個主要的要素相互牽制而成的。因此，大型企業的一舉一動往往會牽一髮而動全身，因為中階主管和父權主

義制度都是十分重要的社會結構體。

　　過去三十年以來，社會各階層都在攻訐父權主義和官僚作風所造成的一些問題，他們對於中階主管的鄙視只不過是冰山一角。過去被視為能力及權力象徵的官僚作風及階級制度，如今卻飽受政府及各產業界的藐視，人們不再相信「我為公司、公司為我」的那一套說法，「開創能力」如今比聲望與權力更受到重視。婦女團體、少數民族、殘障人士等弱勢團體過去只能夠以表現自己的忠誠來爭取平等的待遇，現在他們也可以站起來為自己的獨立自主爭取大眾的認同。

　　再者，除了要求員工服從公司之外，企業界現在更積極尋求更高的層面，他們不再鼓勵員工們只做上司要求的工作，相反的，他們倡導的是各種「可能性」。現在的企業不斷以各種方式鼓勵員工發展新東西、打破舊規矩。在這樣的管理方式之下，公司裡的階級制度就不是那麼重要了。

　　我的研究是以中階主管為重點，因為他們是舊制度的核心，從觀察他們的經驗中，我們能夠很快地窺見問題的重點。他們對未來不再有獨到的洞悉能力，也不太受到其他人的重視，但是透過他們的觀點，我們卻可以對官僚體制有更深一層的認識。

　　經過過去數十年來的動亂以後，這些中階主管們大致可以分為兩種類型。第一種類型我稱之為「死忠派」，即使舊制度已經急速崩潰，這些主管們依然緊守著公司給他們的「前途」和「期望」。他們將自己埋首於工作中，

試著將所有的渾沌不堪阻擋在自己的小世界之外。而第二種類型的中階主管則拋去了舊有的身分地位，如今他們只對自己的工作責任盡力，而不是只對公司盡忠。

因此，他們和公司的關係變得短暫、有條件，只有在工作充滿挑戰性、公司願意尊重他們的專業能力時，這些主管才可能重視他們與公司之間的關係。

這樣的變化在職場倫理的表現尤其顯著，官僚體制的企業幾乎都認定員工與公司應該互相忠於對方。對主管而言，公司如同一種福利政策，它能夠提供終身的安全感及情感、經濟上的支持。同樣地，老闆也期望主管們願意無條件為公司盡心盡力。

這樣的道德契約有許多缺失，這方面我們將在本書第二章裡深入探討。「父權主義」造成了負面的影響─有人可能覺得這種做法是出賣靈魂以換取安全感，但是中階主管們自己卻不這麼認為。現在再回溯過去的經驗，他們仍然肯定公司與員工之間互助互信的特質。事實上，他們形容舊式企業是以一種社群形式存在著，其中有他們至今仍十分信服的價值觀。舊公司型態的沒落不僅讓這些主管們深感無力規劃未來而覺得茫然失措，在道德方面，他們也常常覺得很困惑，甚至無法諒解而感到憤怒，因為他們覺得寶貴的忠誠已經漸漸消失殆盡。

這就是公司在裁員或改組時，這些主管們深深覺得受到傷害的原因。當我進行研究訪談時，這些中階主管們所表現出來的傷感更是明顯。他們在乎的並不是個人的利益損失，而是背叛與情感上的傷害。他們的話語中表現出強

烈的道德感及敏感度，他們所關心的世界遠大於自己的小
世界：

　　　　忠誠是因為互相信賴而產生的，而今忠心的
　　員工在公司裡已經寥寥可數了。舉目所見，週遭
　　都充斥著公司被接收的消息，接下來，整個經濟
　　體制就要崩潰了。

　　許多主導公司縮編的人也有相同的苦惱：對他們而
言，忠誠消失是一種悲哀，或許忠誠在這個時代是註定要
被淘汰的，但這畢竟或一個很大的遺憾。
　　大眾之間的聯繫逐漸薄弱是我們整個社會共有的一項
問題，安全感與不求報酬的關懷似乎已經蕩然無存。以前
這個問題就曾經出現過很多次：資本主義在發展的過程中
就經常破壞社會的公共關係。然而在切斷過去的資源時，
仍不免要經歷一番陣痛。雖然也有許多人主張重拾亞當史
密斯（Adam Smith）的經濟理論，但社群的沒落必然還
會是整個社會必須嚴正以對的問題，因為一旦沒有了社群
的安定力量，國家很快就會瓦解、變得一團混亂，現在我
們的社會似乎正朝著這樣令人憂心的方向前進著。因此，
媒體與政壇演說就開始試圖認同道德感所能帶來的安定力
量。
　　追溯忠誠不再的緣由、了解它對工作動機所引發的原
動力，以及它為企業所帶來的困擾是有其必要性的，這將
是本書接下來要探討的一個主題。不過更值得注意的一點

是，有些公司即使不強調員工的忠誠也一樣可以運作得很好。這並不是因為這些公司根本不以團隊方式來管理員工，而是他們在一開始就以完全不同的職場倫理作為公司的管理規範。在他們摒棄了忠誠信條的同時，也開始規劃出另一種我稱為「意圖共同體（community of purpose）」的新觀念。我十分注意這種新管理模式的發展情形，因為它是十分新穎、尚未完全發展成熟的管理方式，但是在一些正在進行縮編的公司中，卻醞釀著一種新的聯合作業方式。我的看法是：這樣的新觀念代表著從現代個人主義發展以來，講求實際的倫理規範第一次主要的變革，同時它也能夠消除傳統社群當中一直存在的個人主義與資本主義之間的衝突。

我的研究

我的研究重點主要根據與大約兩百五十位中階主管所做的非正式訪談。這些訪問對象來自八個大型企業中十四個不同的單位，包括不同的部門、公司或工廠。訪談的同時，所有的企業都正經歷著重大的變革，而且幾乎每一家企業最近都裁撤了一些主管。這些企業分別是漢尼威（Honeywell）、通用汽車（General Motors）、皮氏（Pitney-Bowes）、道氏化學（Dow Chemical）、斐基國際（Figgie International）、王安電腦（Wang）、杜邦（Dupont）及美國電話電報公司（AT&T）。我選擇這些企業為訪談對象的原因主要是：他們似乎是美國現階

段遭逢轉型掙扎的工業典型。我並沒有刻意挑選他們作為處理公司改組問題的楷模典範。

在這十四家公司裡，幾乎每一家公司我都訪問了十到二十位中階主管，同時，我也訪問了這幾家企業的高級主管一至少是資深人事經理或CEO。我在訪談結束後的一兩年內，針對其中四家公司（以下稱為亞派司、巴克雷、格拉弗及利可公司）做追蹤調查，而且我也不斷諮詢利可及費克斯這兩家公司的近況以使這份調查更符合實際情形。最後，我則和一些在哈佛大學及西北大學研讀管理課程的主管們共同研討某些特定的公司。

為了保護當事者的隱私權，所有接受訪談的單位都是以匿名的方式出現在本書當中。

「中階主管」這個頭銜並沒有公認的定義，不同的公司裡對這個階層的員工有不同的職稱及工作權責。不過，我慢慢歸納出一個似乎可以用來囊括這個族群的定義：他們扮演的是總經理之下、基層管理人員之上的角色。

⊙ 就高層而言，總經理必須負責整家企業組織，通常是整家企業的領導者，有些則是工廠主管或公司總裁。無論正式職稱為何，這些領導者及其負責的團隊在公司運作上必須有一套高瞻遠矚的計畫，而這些做法通常和他們底下員工所想的大異其趣。在我深入研究這些單位時，我發現除了最成功的那個公司之外，其餘幾家公司都曾出現類似的情況：他們的主管經常只專注於整個工作中的一小部份，對上司的指示經常感到左右為難，而且無法將自己與公

司視爲一體，因爲他們日復一日所做的工作並不常受到上司的認同。

◉ 較低層的管理人員則面臨不一樣的處境：他們是勞工與主管之間的協調者，因此往往無法完全被認同爲主管階級。他們必須和勞工站在同一陣線才能成功地達成讓勞資雙方都能滿意的任務。通常，這些基層管理人員是從藍領階級當中拔擢上來的，管理工作對他們而言經常已經是職業生涯中最頂尖的階段了。

◉ 介於總經理和基層管理人員之間的中階主管們，對於自己的職位有著共同的見解：他們將自己視爲公司運作的核心，站在現實的角度上發揮他們的專業能力，兼顧上司的指示與實際的運作，讓上層的主管們盡情規劃公司的遠景，也確保手下的基層管理人員確實盡到管理員工的責任。

裁員行動引發的各種回應傳統企業與新企業之區別

我研究的這十四家企業雖然都遭遇類似的經營困境，但是他們的中階主管卻有許多不同的反應，或者說是不同程度的「士氣」。我說的士氣並不是指單純的滿足或快樂一就算在公司面臨解散的厄運之際，員工可能仍然對於自己的工作表現十分滿意。事實上，在訪談的過程當中，就有不少人表示過：「我的問題不大，倒是公司的狀況不少。」這些人已經抱持著幸災樂禍的態度等著看公司

出糗。但是這是不利於勞資雙方的，好的「士氣」指的應該是對未來充滿信心，並且願意貢獻一己之長，幫助公司一同渡過危機才是。

這個觀念聽起來雖然窒礙難行，但事實上卻不難評估：我相信其他的的研究專家會將這幾個公司歸為同一個類型。其中三家企業的主管相當清楚公司上下的憤怒、疑惑、痛苦以及對未來所抱持的悲觀想法；有四家企業的主管則是和其他員工一樣不知所措，有些人感到失望憤慨，有些人則仍然懷抱希望；另有三家企業的員工大多對未來都感到希望無窮，幾乎沒有人對公司不滿；最後的四家企業裡的員工對自己與公司的前途則抱持著樂觀積極的態度。

在我的研究當中，由各公司員工明顯不同的反應可以將其分為兩種類型：十個問題不斷的「傳統企業」和四個希望無窮的「新企業」。前者不但在我的研究對象中佔大多數，在整個產業界或許也居多。也就是說，工商業中實際面臨管理問題的企業不在少數。另外那四個希望無窮的新企業讓我們對管理多了幾分希望，雖然他們並非業界最完美的規範，但是他們似乎讓我們看到嶄新的勞資關係——既可以免除背叛的痛苦，也不會走上個人主義思想的偏途。

前面提及的十個傳統企業尚可進一步細分：有些公司沉浸在旁觀者所無法理解的憤怒痛苦中，在本書第三章會以那些公司為代表來討論；另外一些公司的反應較溫和，雖然這些公司的士氣並不高昂，但是大多數的主管都願意

接受公司的困境，並且對未來非常有信心。這樣的公司我將在第四、五章以格拉弗及利可公司為代表加以討論。我會把這些公司都歸在那十個傳統企業中，主要是因為這些主管的樂觀態度是來自於他們對問題視而不見的緣故，除了自己該做的工作之外，其他事情一概不想過問。我認為他們的樂觀是消極的，對他們自己或公司都沒有好處。

初步發現：似是而非的忠誠效力

在訪談進行的過程當中，讓我感到驚訝的事情是，即使在公司經歷了大規模的縮編及裁員行動之後，大部分的主管或認為他們應該要忠於公司，他們對於所處的公司仍然十分眷戀，如果可能的話，或希望能在同一家公司一直待到退休為止。

我注意到的第二件事情是，雖然大多數的主管仍然渴望效忠於原來的公司，可惜的是這並沒有多大的幫助；經營最出色的未必是員工忠誠最高的那幾家公司，那些主管們只好飽受精神上的折磨，堅守已經一文不值的職業操守。根據我所做的觀察研究，這些人的工作並不如意。

這些調查結果看起來似乎相互矛盾。目前所有關於這方面的研究報告都指出，企業縮編的風潮導致員工不再對公司忠心耿耿，而這樣的結果也使主管及公司蒙受其害。然而我訪問到的主管們卻認為事實正好相反，他們認為人們固守著對公司的忠心才是危害公司的原因！在看起來最積極樂觀的幾家公司中，主管們早已摒棄盡忠於公司的傳

統觀念了。

　　於是，這就產生了另外一個問題：如果公司不需要員工的忠誠也能運作良好，那麼完全自由的個人主義管理模式是否就是最適合的企業管理之道？這也不盡然。具有個人風格、以市場為導向的開創精神（entrepreneur-ship），近來雖然在政壇演說及報章雜誌中十分熱門，但是中階主管們並不太認同這樣的管理方式，目前也沒有哪家公司是運用這種管理方式而大放異彩的。

　　這些公司並非刻意製造個人競爭意識的文化，他們只不過正在尋求能達成共識的方法。企業最常用的方式是表達善意、盡量用關懷員工來減低裁員所造成的衝擊，不但儘可能替被裁撤的員工謀求出路，更要善待留下來的「倖存者」。

　　然而這樣的善意並不一定能得到好的迴響；最善體人意的公司往往出現最痛苦的主管。相反地，真正有影響力的因素是主管了解該公司的程度。絕大多數的主管對於市場的走向及公司競爭的情勢了解並不多，即使在溝通管道良好的公司裡情形也一樣，主管們對自己工作的內容瞭若指掌，卻不清楚自己所處的工作環境。不管客觀條件如何，能夠將眼界放寬的主管們會比目光狹隘的主管更有衝勁、更樂觀。

　　以往所謂的忠心指的不外乎「同舟共濟、共體時艱」等觀念，然而對轉型成功的企業而言，忠心不再是要個人與公司成為生命共同體，而是個人必須和公司一起為達成共同的目標努力，而這個共同的目標則須由共同的策略及

外在環境來促成。這樣的團隊型態比舊有的模式多了利益導向及自由意志；或許有些人認為這樣的型態比較冷酷不公，不過我們也可以說它比較沒有那麼多父權主義色彩，對於個人潛力的發展也比較有利。現今的企業界正試圖化解裁員行動所引起的緊張情勢與模糊的局面，社會上其他的領域也在做同樣的努力。這個針對縮編的公司所做的研究調查有助於個人與公司對於忠誠的了解，進而對於是否應該保留這個傳統做出適當的抉擇。

2.

忠誠的意義

　　首先我要談的問題是：忠誠有什麼作用？為什麼它有如此強大的力量？這些問題並沒有明確的答案，大多數的管理理論都視忠誠如敝屣，不如直接假設員工都是理性地為自己謀求利益。如果這個假設可以成立，那麼這個世界就單純多了！可惜，事實證明這套假設根本不適用於實際的管理上。

　　另一方面，有些考慮到情感層面的理論雖然比較實際，卻也沒有指出該如何處理管理上會發生的狀況，因為這些理論重視的是事實的描述而非分析。當然，強烈的情感因素的確能激勵人們努力工作，但是卻也同樣容易誘使人們從事有害的勾當或讓人們抗拒改變現狀。

　　那麼，總的來說究竟應該遵循傳統，對公司忠心耿

耿，或要以個人的利益爲優先考量呢？雖然許多人都認爲個人的利益重於公司，但是在現實生活中，傳統的死忠派或獲得壓倒性的勝利。然而，這兩種方式都不足以完全激勵員工乖乖地與公司合作一尤其是在現今這種環境驟變、企業紛紛縮編的情況下。

理性管理的問題

理性主義與凡事講求合理的經濟學息息相關。「代理理論」（Agency Theory）是經濟學的一門分科，這個理論的學者試圖將其應用於國際間所有的企業體。但出人意表的是，不只有經濟學家認同這個假設。在經濟學家泰勒（Frederick Taylor）的影響下，一些經營實務學家也經常依照理性主義的準則做研究一至少他們與藍裡階級打交道實用的就是那一套。也就是說，這些學者所設計出來的制度主要根據的是人們懼怕的心理及對物質回饋的期待，就連一向尊崇韋伯（Max Webber）、總是批評經濟學家忽視了人類的情感因素和政治權謀的那些社會學家們，也常常引用理性主義的觀點來描述官僚體制。泰勒的代理理論與韋伯的理論都是根據同一個角度發展出來的。

我們就依照年代先後來解釋這兩個理論。韋伯是第一位爲官僚體制下定義的社會學家，他非常重視「理性」的觀念，強調自治團體中管理者的角色是十分重要的：他們必須接受上級的命令，並以專業能力實現之。根據這樣的概念，在管理當中，管理者應該要能自由運用他們的專業

知識以達成目標，但是整個大方向或必須遵循層層節制由上而下來執行。

　　以下的例子可說是最基本的管理型態：

1.　有符合規定的一連串行政命令。

2.　有特定的、合乎其階層的能力。

（a）　負責某任務的人員必須有義務執行公事流程中的某項命令。

（b）　規定有權執行某職務的人員必須貫徹其職守。

（c）　明確規定強制執行的方法。

　　韋伯特別強調這種編制的權限和彈性。大部分傳統的管理理論也直接或間接採用這樣的模式－至少過去二十年以前都是如此。其中最重要的就是管理單位的結構及支配能力：必須注意如何適材任用才能使工作順利進行，還要確保員工能依規定行事。早期的管理學家普爾（Henry Poor）、麥考倫（Daniel McCallum）、梅卡菲（Henry Metcalfe）等更主張系統化的管理是官僚體制的必備條件，他們告訴我們如何最有效率地完成工作、一個主管如何領導眾多下屬、如何兼顧權力與責任及其它至今仍十分實用的準則。學者們並不在乎管理者之間所激發出來的互動關係，例如為什麼他們希望彼此互相配合？依官僚體制的理念，人們並不需要相互合作：合作是人們欲達成任務必然會採取的方式，只要注意自己是否能把上司交代的工作做好就可以了。

官僚體制成功之處在於它能夠結合一股龐大的團結力量。在官僚體制出現之前，這股力量並不大，即使在規模不大的軍隊裡，一些複雜的任務往往變得窒礙難行。但是在官僚體制管理模式下，上級的命令很快就能傳達給每一個部門來徹底執行。

然而，不久之後就有人發現並不是每一件重要的事都能理性地達成。例如，有時候人們會拒絕執行上司交代的工作，不然就是任意按照自己的想法來做事。曾經擔任機械工廠領班的泰勒（Frederick Taylor）就注意到工人是有惰性的，他們不會盡全力幫公司做事，工廠往往必須降低生產量（當然工作獎賞也跟著縮水！）以免工人吃不消。這是理性主義的動機理論（theory of motivation）之一大缺失。

解決這種情況的方法應該是要設法了解人們工作的真正動機，並利用這些動機讓人們願意配合。但是泰勒是個篤信官僚體制的人，他並沒有考慮到它的部下可能有更好的想法，他認為要管好員工就必須不斷地要求他們工作。因此，一旦有人違反命令，沒有做到自己應做的事情，泰勒會交給員工更多工作，迫使他達到自己的目標。

泰勒將自己這套管理方法稱為科學管理（scientific management）：訂出明確的行為準則及有效的約束力（獎懲制度），讓員工不敢違反規定。這樣的管理方式產生的結果就如同卓別林（Charlie Chaplin）在電影摩登時代（Modern Times）中諷刺的世界一般：一板一眼、機械化而且支離破碎。在這種管理

模式中，所有規定都有明確的獎懲方式，才能夠鞭策員工做事更有效率。

　　然而這種方法也不能有效解決問題。員工的惰性仍然是管理工作上的一大難題。當時有許多關於員工抵制公司規定的調查研究，著名的「霍桑研究」（Hawthorne study）是其中之一。此外，泰勒的理論無法繼續有效執行已是不爭的事實，一昧壓抑工人的抵制只會造成更多的問題。首先，管理者必須訂定更多的規則條例，並且更加嚴格執行這些規定，再者，太注意瑣碎的規定只會逐漸僵化而無法解決突發狀況，就算管理者能力再強也不可能預知意外的發生，也無法控制工人的想法。

　　事實上，員工發自內心願意貢獻己力爲公司做事的這種自由意志，對於工作能否有效率地進行或十分重要的因素之一；有時候，人們切實按照既定規則一步一步地履行他們的工作，也會使公司屈服於員工的意志之下。

　　因此，此後的三十年內，大家普遍認同對待工廠員工必須軟硬兼施。現在大家都認爲員工的參與是理所當然的，很少主管會完全採用泰勒的科學化經營方式來管理員工。這樣的轉變說明了一個事實：管理群衆不能只依賴獎懲制度或訴諸理性行爲，讓人們有合作的動機或比較有效的方法。

　　目前爲止我所談的都是指勞工，主管階級的團體又是另外一回事。在過去，受僱於公司的主管們並沒有受到「科學管理」的對待：勞工或許還需要控制，但主管們可是控制勞工的那群人！主管必須思考判斷哪些事該交給工

人去做，所以在這個領域中仰賴的多半是無形的領導能力和動機。

不過現在卻出現了矛盾的逆轉情形：在我們設法讓工人自願為公司效勞時，卻也逐漸把主管們當成機械裡的零件一樣。經濟學家們試圖用代理理論解決這個問題，而這個理論也就是泰勒理論的再延續。

代理理論起源於相同的管理問題：如何鼓勵員工為公司的利益打拼？根據這個問題，泰勒理論假設主管階級也一樣要用獎懲制度才能激勵他們為公司做事。這種假設令人吃驚地簡化了人力資源管理的問題。依照這個理論的觀點來說，公司只要決定哪些人該做哪些工作，然後按照規定給予獎勵或懲罰就可以了。因此這一派的擁護者強烈主張，按照工作表現決定獎懲，將個人的表現與獎勵緊密地結合起來。

當代理理論學家觀摩公司實際運作的情形時，他們很沮喪地發現這麼明確的規則竟然無法應用於公司管理上，員工的工作表現和所得到的報酬不見得成比例，雖然愈來愈多的公司嘗試將代理理論運用於管理上，但是成功的機率少之又少。主管們根本不願意區分部屬們的工作表現，通常他們會把大多數的員工歸為中上程度，因此以整體的表現給予報酬遠比看個人的表現公平得多。

現今學者的反應和九十年前的泰勒如出一轍：如果人們不肯自願表現出合理的行為，那麼強迫或許是可行的方式。既然主管們不願意將下屬的工作表現分出等級，愈來愈多的高層主管便要求中階主管替員工打分數，或將他們

的表現做成曲線圖，如此一來，必定可以將員工的表現分出高下等級。在我的取樣對象中，凱芮（Karet）和格拉弗這兩家企業都曾經採取這種管理方式，結果導致員工們強烈的不滿與反彈，其它的企業就鮮少有類似的麻煩。然而，目前為止或無法證明哪一種方式才是最合適的管理模式。

官僚體制理論、泰勒學說及代理理論這三大傳統管理學理論的關係十分密切，因為他們是根據同樣的假設衍生而來的。他們假設一個組織的政策（目標）必須由單一的一點（最高點）出發，執行人員必須完成階段任務以達成該目標，而且人們是以功利主義為前提而做這些工作。這樣的假設忽略了其他會驅使人們做事的動機，包括嫉妒、羨慕、榮譽感及正義感，當人們意識到自己的這些情緒時，自然就會有很強烈的動機想要壓倒這些不理性的想法。

泰勒學說及代理理論對於官僚體制的概念本質上是不同的。現代的代理理論學者們尤其否認他們視自己為帶領人們脫離官僚體制窠桔的個人主義首倡者。這個學派和泰勒學說不同之處在於：他們認為應該盡可能將規定簡化，只需要強調結果及回饋，讓人們自己想辦法去爭取。但是規定簡單與否並不是官僚體制的重點，韋伯原先的構想是擁有專業技術的勞工們必須能夠自治，並且反映自己的意見。自此以後，官僚作風的團體反覆經歷了中央集權與地方分權兩種不同的管理方式，但是大體上而言，不論哪一種管理方式都不脫官僚體制的範疇。

官僚體制的本質在於：人們擔任某項職務時，就應該要貢獻出全部的心力來完成它，這項職務是苦差事或一展鴻圖的大好機會，端視管理者的作風和策略。不過不管是何種工作，大家都希望工作夥伴具有向心力，否則就會破壞整個團隊的士氣與和諧。

泰勒說過：「在工作團隊中，任何一分子的進步都可能成為能否致勝的關鍵。」只有位高權重的人才有能力檢視整個工作體系，並判斷部下的進步究竟是好或壞。

當有人不願意完成自己的工作，導致官僚體制中出現嚴重的管理問題時，泰勒學說和代理理論的確曾經派上用場。以藍領階級為例，工人怠工的問題早在上個世紀就已經浮出檯面，更常釀成衝突的場面。如此明顯的緊張情勢，往往讓領導者放棄嘗試與員工協調出一致的工作動機，而這種情況也讓聲稱能洞悉一切管理問題的泰勒學說大行其道。

不過，近二十年來的管理問題多半是發生在管理階層的員工之間。過去二十年前，由於就業情況穩定、階級融洽，因此企業通常是以領導力、私下比較及忠誠等非正式的標準來評判員工的工作表現。但是在企業經過重新整頓之後，這種公司與員工之間的默契就被打破了。由代理理論衍生出來的誘導方法大受高級管理主管歡迎，這就是管理模式逐漸蔚為風潮的證明。

簡而言之，即使有些理論並不認為感情因素有其重要性，只強調「動機」的實用性，但是這些理論卻經常受到這些情感因素的妨礙，而那些學者對這項致命傷的回應

則是千篇一律：只要加強刺激人們的衝勁，並大量給予正面的動機，就可以解決這些問題。然而理性主義學家們卻從來無法成功讓人們產生合理的行為。

理性主義之外：忠誠的型態

優秀的主管都會體認到一件事：管理工作重視心理層面大於邏輯演算。因此在處理管理方面的問題時，我們多半訴諸於情而非物質上的給予。

舉例來說，1930年代對主管階級人士影響頗深的紐澤西貝爾公司（New Jersey Bell）總裁巴納德（Chester Barnard）就認為，讓員工願意效忠於公司是管理工作的一大要務。他說：「主管對公司最重要的貢獻在於他們能夠讓員工忠於自己的公司。」

即使前面所提過的「科學管理」理論中，需要受到「科學化」管理的也只是藍領階級的勞工。典型的勞資關係中，主管和勞工之間劃分得非常清楚，有人說「工人靠的是技術，主管靠的則是魔術」，而所謂魔術指的就是我們所講的忠誠，也就是說，即使沒有人能夠以科學化的方式衡量工作表現，人們或願意服從公司，為公司貢獻一己之長。這種魔力並非絕無僅有，過去在社會各階層當中都有不同的表現方式，我認為在未來它仍然會以不同的形式繼續存在著。

一般企業界中所說的「動機」可以分為三大類型：個人對公司的依賴、職場倫理及企業的忠誠。前兩種類型

往往因為劃地自限而受人詬病，但是第三種類型至今仍大受企業界的青睞。

對個人的依賴

忠誠最基本的表現在於對個人盡忠，這必須回溯至最古老的社會生活型態。例如，在官僚政府形成之前，君主們會聚集大批為賞金而來的人士。最實際的例子（如同Lewis Coser在研究中曾提出的）就是外來人士、地位提昇的平民百姓及太監這三種人。對他們而言，盡忠職守是沒有極限可言的。對奴僕而言，私生活無時無刻不對主人盡忠是理所當然的，他們不但依賴這樣的制度為生，也為它貢獻出自我。

然而這樣的體制非常不穩定，為了維護主人而起的戰爭、嫉妒心及詭計等等問題，在在都會逐漸破壞組織的合作意志，同時這種型態所表現的忠誠也十分有限，因為個人只會對統治者盡忠。官僚體制則大大改善了這個缺失，因為人們是忠於有特定職位與關係的人。

在中級管理階層中，對個人盡忠的形式不如我所想的那麼普遍，只有馬克斯公司（馬克斯）這一家企業是以個人為組織結構。除此之外，德斯特公司（德斯特）在幾年前則完全是由其創始人一手支配的。在這些案例中，我們可以明顯地感受到，員工盡忠的對象是個人而非公司本身，公司的領導人則經常霸道地提醒下屬對自己的依賴。在上述兩家公司都出現過類似的情況：上司突然插手

下屬正在進行的工作，任意以自己的意見干涉別人的工作
內容，然後又撒手不管。

　　　　你絕對無法想像老闆連多麼雞毛蒜皮的小事
　　都要插手。所有的主管都對老闆凡事一意孤行的
　　態度感到十分頭大，他常常推翻屬下所做的決
　　定，所以大家覺得把所有的事情都交給老闆自己
　　決定最為省事，就連招牌的位置、辦公室的顏色
　　及停車位的安排等小事也一樣。

　　同樣的情形也曾經發生在馬克斯公司。大多數的主管
都覺得他們十分仰賴主管對他們的喜愛，才能保有在公司
中的地位，要不是有老闆做後盾，他們可能早就失勢了。
有幾位主管也透露，老闆對他們的重用遠超過他們本身的
能力，因此他們在公司裡不太可能會有更高的地位了。

　　不過，除了這些企業外，我的訪談對象中沒有人承認
自己會如此依賴別人，唯一可以確定的是，我們時有耳聞
企業大老們嚴格要求下屬對公司忠心不二的例子，如花旗
銀行（Citibank）的李斯頓（Walter Wriston）及國際
電話電報公司（ITT）的金寧（Harold Geneen）。或許
這種依賴個人忠誠的情形大多發生在公司高層之間，因為
領導者多半會挑選自己偏愛的下屬作為繼任的人選，而在
大約五十年前，這種情況似乎更常見，因為當時官僚政府
體系正試圖取代所謂的「強盜貴族」體系。我能確定的
是，這樣的例子在我研究的過程中並不多見。

　　馬克斯公司的例子，為這種情況之所以如此罕見，提
供了合理的解釋：雖然用強制的手段獲取別人的忠誠是十

分有力的方法，但是也有許多後遺症。試想一個專制、事業有成的企業大老，在面臨退休之際仍遍尋不著合適的接班人選，於是可以想見地，在他之下的公司主管們為了爭取出線的機會，莫不使出渾身解數力求表現，導致同儕之間瀰漫著嫉妒與鬥爭，一旦該大老的地位沒落，所能掌控的只剩日常生活中的芝麻小事，公司就可能很快地在幾年當中由盈轉虧，終致破產倒閉。

官僚式倫理

官僚體制的發展，部分肇始於擁有些許封地的君王，也代表他們試圖擺脫這些人事牽掛所做的努力。因此，理性主義的論點剛開始推廣時會飽受壓力也是意料中之事。然而，理性主義的構想終究無法通過現實的考驗；的確，十年前大家仍然認為官僚體系是極不合理的制度，但是，這個體系以刺激動機為訴求，而不以追求自我利益為重的理念，卻是眾所皆知的。

官僚體制的確和忠誠有關，但是它強調效忠的對象並不是個人，而是工作本身。職場倫理是公平地評鑑工作表現而形成的。學者莫頓（Robert Merton）曾將官僚體制的管理模式加以延伸，他說：「人們在強烈感受到必須為自己的工作犧牲奉獻、能敏銳地體認自己的工作權責及能力，並且能有系統地做好日常工作時，就會支持理想的管理模式，也唯有在這個時候，他們才願意遵守紀律。」

我們可以再延伸莫頓對官僚體制所作的定義。他說的

「體認自己的工作權責」與支配自己工作領域的觀念相互影響：儘管官僚體制人士做的是上司交代的工作，他們卻不允許別人來告訴他們該怎麼樣做這些工作。在他們自己的工作範圍內，他們就是專家和主宰。（代理理論所主張的個人動機觀念只不過是在這個論點當中加入物質回饋的動機理論，不過這兩個論點大體上的架構是一樣的。）

因此，官僚體制者以「自治」為動機：他們效忠的不是領導者本身，而是工作職責。比起封建時期的主從關係，官僚體制下的「服從」觀念顯然比較薄弱。

官僚體制內所說的忠誠，其優點在於它將人們對個人的依附轉變為對工作的依賴，它的統合範圍也因此得以擴大。帶給人們成就感的是任務圓滿完成的喜悅，而不是上司的獎賞，而且，下屬也不再需要凡事對上司唯命是從。忠心的官僚體制者會主動想盡方法完成任務，原則上，公司的一個任務可能由一群這樣的人分別以最好的方式去完成。

在這種模式中，個人的判斷與裁量權益發重要。官僚體制的理念給予人們充分的的權力決定自己該做什麼，而不用等著聽候上司的差遣，他們有權力—應該說是義務—為自己面臨的處境做決定。簡單地說，官僚體制的職場倫理主張人們在面對上司交付的任務時，只做正確的事情而不須理會錯誤的命令。一旦深入探討這個管理模式，我們可以發現它將公、私劃分得十分清楚。官僚體制者在工作上必須盡忠職守，但是在私生活方面是非常自由的，他們並不像封建時期的奴隸那樣，任何事都須任憑主人處置。

韋伯認為官僚體制是最好的管理模式，但是其它的學者專家則擔心官僚體制中不夠人性化的那一面會危害整個社會。研究證實，政府單位中採行這種管理模式的比例相當大，其影響也相當驚人。

　　官僚體制式微的主因在於它仍然過於狹隘，雖然在它的理念中，部屬並不需要事事唯上司命令是從，但是它卻限制了人們從事其他工作的機會。因此，像政府機構這樣完全採官僚體制管理方式的單位往往變成眾怒所指的對象，因為單位內部的溝通不良、行政命令貫徹不力，結果往往導致行政效率不佳。

　　這個問題在企業界也是屢見不鮮，因此業者大多不會完全以官僚體制來管理整個公司。我訪談過的幾家公司裡，沒有一家有韋伯及莫頓所描述的成效，每一家公司都致力於建立互助合作的工作團隊，也就是試圖將主管們組織起來。

企業忠誠

　　大型企業漸漸地淘汰那些過度依賴理性誘因、人際從屬關係或官僚式倫理的動機因素，轉而建立員工對公司整體的忠誠。在前面所提的幾項針對中階主管所做的研究，都曾經強調這個主題，我的訪談紀錄不過是進一步確認這些論點的正確性罷了。自 1950 年代以來所做的這些研究，有相當一致的結論：

　　◉ 企業的本質是封閉、自治，而不是理性、官僚化

的。學者懷特（Whyte）說企業就像是封建的社群：1970 年代，肯特（Resabeth Kanter）也把企業歸為「具有部落意識的團體」；米爾斯（C. Wright Mills）將企業稱為「管理人的造物主」，而奧其（William Ouchi）更將企業定義為「集團」。

- ⦿ 十分強調「服從」與「合群（不特立獨行）」，不但要融入社會體制，也要完成特定的工作。米爾斯認為這種「汲汲於名望」的心理是由於對身分地位的渴求所產生的。馬革利斯（Margolis）及傑格（Robert Jackall）等後來的學者，都曾在其研究中引用米爾斯的分析。

- ⦿ 「聯合作業」這個名詞可以證明服從所造成的壓力。人們得到晉升機會或受到獎勵時，必須扮演好分工合作的角色、做好自己份內的工作，並且與1同僚們相互配合。「聯合作業」這個口號雖然隨著個人主義的高漲而備受挑戰，但是所有的研究在本質上都證明了個人主義脫離不出團體社群的範疇。

簡單地說，組成「公司」的要素包括了傳統社群之內的情感因素─或可稱之為「禮俗社會」（Gemein - schaft）的體制，本書後面的章節將會詳細討論這個部分。不過，關於公司的定義，最明確的概念就是：不論是自願或被動，個人都應該犧牲「小我」，以成就「公司」這個「大我」。人們努力工作，不計較回報，因為他們相信自己和公司之間的關係必定可以維持到雨過天青的一天。葛拉弗公司（格拉弗）的一位主管就說：

公司現在正處在非常時期，無法給予每一個
員工相當的報酬，但是大家或許願意盡本分做好
自己的工作。因為我們知道公司光明的前途可能
指日可待。

有時，員工甚至願意做些連主管都認為吃力不討好、
而且根本不是他們責任範圍之內的工作，只因為他們相信
這麼做對公司有益。在我的手邊有一大堆這樣的例子；只
有少數幾個例子是公司為了利益而主動要求員工做額外的
工作。不過這兩種情況可能造成的結果都是一樣的，而個
人主義者所預期的「利益社會」（Gesellschaft）與這些
公司所呈現的態度可有著天壤之別。

在某些方面來說，這樣的動機模式與主僕之間的動機
模式十分雷同─它讓員工犧牲了個人的隱私權。在這些案
例中，主管們必須敞開家門，向上司炫耀自己的太太，才
能證明自己家庭和樂，可以心無旁騖地為公司前途而奮
鬥；有時候，上司一聲令下，這些主管們就得馬上準備舉
家遷移至下一個工作地點，一點商量的餘地也沒有；同
時，他們也必須像十八世紀時的奴僕一樣，為上司維護良
好的聲望。事實上，許多公司裡的用人守則分明就是按照
主僕相處之道而訂的，例如：員工不得公開批評主管與公
司，否則就得揹上對公司不忠的罪名。

然而，企業忠誠（Corporate Loyalty）這個模式並
不是這麼簡單，因為它不只侷限於狹隘的人際關係，更與
複雜的官僚制度相互影響。大部分的情況下，人們盡忠的
對象並非個人，也不是某個特定的階級，而是整個公司本

身。舉例來說，杜邦公司（Dupont）和通用汽車公司（General Motors）的一些主管，就認為他們應該忠於公司本身，而不是只忠於高級主管或自己的職務。

在這種模式中，人們表現忠心的對象是更高的層次：抽象地說，人們是對整個公司盡忠；具體而言，這個對象指的是公司中地位最高的領導者。主管依賴公司或公司給予他們的幫助是產生忠誠的主要機制，這些機制包括：以公司的特色留住主管、提供在職訓練、以升職作為獎勵，以及經常調動工作地點，以避免員工對熟悉的地區及工作內容彈性疲乏。這麼做是為了讓員工們在想辦法取悅公司的同時，也能做些創新的工作。在這種誘惑之下，就算公司沒有明文規定，員工也會絞盡腦汁做些讓上司滿意的事。

這種不同於官僚體制或理性主義之獎勵的動機模式，似乎是大企業致勝的基礎。我所研究的每一家公司都是以這種管理方式起家的，而他們在公司裁員之後也都面臨了情感層面的後遺症。

打造企業忠誠

從早期開始，法人公司就做好了各種措施，以確保主管對公司忠心不二。十九世紀中期以後，更有一連串的策略將主管與公司的關係變得更為緊密，至少有三個機制在1870年左右就已經開始蓬勃發展，至今在一些大型企業中仍然廣為採用。

首先談到公司內部的職業生涯規劃，也就是指遵循公司的妥善安排，一步一步向上晉升。這樣的職業生涯規劃，在小公司或一般商家裡當然是前所未聞的。當官僚制度開始發展之後，大家就比較能接納這樣的觀念了。當企業負責人試圖將主管拉攏為幕僚時，這種做法的優點很快就出現了。

　　過去二十年來，許多內容豐富的經濟學文獻記載了由企業內部尋求人才的優點，以及這種做法普遍的程度。有一些觀察報告也強調晉升機會所能刺激的向心力。升遷的政策或許可說是鞏固整個公司結構最重要的因素，它對上司的影響力頗大，因為員工需要經過長期的考驗，才有可能獲得升遷的機會。在我的訪談中，主管們經常提及公司裡一些不合理的現象，例如剝奪少數人的權益或扣員工的育兒假等，這樣做可以有效地迫使員工遵守公司的規定。

　　第二種確保主管對公司盡忠的措施是配股制度。這個制度使主管們的經濟狀況與公司的營運息息相關。和第一個措施相比，雖然這個方式所能影響的只限於公司較高層的主管，但是也有十分重要的影響力。或許這個措施最重要的功用在於：它幾乎可以給予參與配股的員工終身職的保障。雖然一般人都認為這個方式十分具有動機性與個人主義的風格，但是他們並不清楚這種做法已經堪稱美國經濟的一大特色。根據最近做的一項調查，至少在1970年左右，美國有一半的上班族因為公司提供的終身保障而待在同一家公司直到退休。令人吃驚的是，就連日本這個一向被視為員工忠誠最高的國家，人們待在同一家公司直到

退休的比例還不及美國。

　　公司內部制訂這些策略，目的是希望能提供主管所期望的利益，以吸引他們效忠公司，而出人意表的是，這種方式只對那些不相信忠誠的人特別具吸引力。再者，這些機制隨著時間的演變，逐漸發展出屬於心理層面的忠誠，例如將個人與公司結合為一體的「團體意識」，於是就出現了類似標榜「IBM 家族」、「通用家族」等等的口號。這些新的機制包括了經常性調動工作地點，以免公司內部出現小團體、訂定公司守則，明定公司中的正確行為、慣例性的精神訓話，以加強公司團隊的形象、以及讓員工意識到自己必須成為公司中優秀的一分子。這也就是懷特（William Whyte）在其著作《組織人》{The Or-ganization Man}中大肆抨擊的行為，他批評這些舉動危害到個人主義及人們的獨立自主權。

　　同時，社會結構逐漸受到重視，相對地加強了這樣的模式，員工僱用法案也開始納入這些公司規章。例如，高等法院就規定雇主可以開除那些公開批評公司的人，因為「員工對公司不忠是不可原諒的錯誤…法律的用意是藉著這樣的約束力鞏固員工與公司之間基於誠信所形成的友好關係，而不是破壞它。」

　　此外，在法律慣例中，員工的忠誠非常重要。1980年時，美國最高法院規定勞工保護法不適用在大學職員身上，因為他們屬於高層管理人員。法庭認為員工僱用法的宗旨一向在於保護員工免於遭受不平之待遇，但是對公司不忠的員工卻可能會破壞了這項保護條例的美意。。

這一切使得一些強而有力的策劃屈服於忠誠的「魔力」之下。它結合了理性的自我利益與感性的自我形象，這不是單一因素可以造成的。我在訪談中曾經提出一個問題：為什麼人們願意為公司盡忠？謹將所得到的回應歸納如下：

　　1.希望獲得更好的職位和待遇

　　　「我不斷地激發自己的能力，因為我總認為這個公司裡處處充滿了機會。」

　　　「人們期望可以換取公司的獎勵作為報酬。」

　　2.對公司的依賴與對失業的恐懼

　　　「雖然公司裡的職位越來越少了，我還是很忠心。我已經四十七歲了，如果我現在是二十出頭的小伙子，我會慎重考慮跳槽。但對一個四十七歲的人而言，換工作實在不是那麼容易。」

　　3.對公司有強烈的認同感

　　　「我們公司在同業間是第一把交椅，而且一向非常尊重員工。」

　　4.對公司的感激與義務

　　　「大家都說我對公司非常死忠，因為我的目標是成為這一行的專家，而公司在這方面給了我很多幫助，讓我有機會實現自己的夢想。」

　　5.心靈上的投入

　　　「這家公司是我生命的一部份，我對它有責任，也投注了不少心血。」

　　6.認同公司的價值觀

「這裡強調的是尊重每個人為不同的個體，而我十
分認同這樣的價值觀。」

「忠誠之所以會喪失，是因為人們失去了自我，他
們失去了對工作成果的認同感。」

7. 私人情誼與關係

「這家公司裡的許多員工都是我的乾兒子、乾女
兒，我可以說是在這裡看著他們長大的：過去這
裡就像個大家庭一樣相親相愛，但是現在我再也
沒有那樣的感受了。」

忠誠的實質利益與企業共同體

企業為了確保主管們對公司忠心不二，給自己帶來不
少的煩惱。它們為什麼要為這種吃力不討好的事情花費心
力呢？由個人的觀點來看，公司所能提供的好處的確不
少，不但有以忠誠為出發點而形成的親切感、安全感，還
有與公司站在同一陣線的感覺，但是這麼做對公司本身又
有什麼好處呢？

站在公司的立場，企業的忠誠兼顧了官僚式倫理所獨
有的影響力和主僕之間那種絕對服從的關係。員工並不需
要處處討老闆的歡心來表現對公司的忠心，但是忠誠可說
是一種情感上的心靈契約，讓員工願意為個人與公司共同
的前途努力工作。這麼一來，公司就省卻了許多困擾，不
必再為了該如何管理一大群主管而煩惱。因此，忠誠可以
說是公司管理工作上的一大利器。

公司以員工忠誠作爲管理方法的現象，不但在美國國內非常普遍，就連其他國家的情況也是如此。以日本大型企業爲例，他們十分要求員工效忠公司，這是眾所週知的。然而，鮮爲人知的是：至少在管理階層之間，日本企業所具有的高度忠誠與安全感與美國的企業並無不同，唯一的差別在於，日本企業不但要求主管對公司忠心，也要求勞工們做到這一點，而美國企業對白領階級與藍領階級的待遇則有非常明顯的區別。日本企業界成功的秘訣就在於，他們能夠同時動員主管與勞工，讓全體員工一同爲公司的前途努力。

忠誠可以激發人們合作的動機，這是典型的官僚體制無法比擬之處。這反映了一項事實：任何公司想要順利地運作，最基本的就是要讓員工願意主動貢獻自己的聰明才智來爲公司效勞，這不但適用於工廠生產線的管理，更是中階管理部門應該謹守的不二法則。如果公司的行政完全各行其是，那麼公司的運作很快就會面臨停擺的窘境；公司上下相互合作，才能確保公司營運一帆風順。

主管們的職責：忠誠與管理「營運策略」

對公司裡的任何一個部門而言，互助合作非常重要，尤其對中階管理部門來說更是如此。相形之下，中階主管部門的人必須更強調忠誠。藍領階級勞工一向被視爲隨時可以撤換的一群人，有專業技術的員工之流動性本來就很大。但是對公司來說，確保中階主管們的合作才是成功的

關鍵。

　　很少人針對中階主管們實際的工作內容做過調查研究，目前為止，只有一個議題曾經引起討論：一般人總認為中階主管的職責是按部就班地完成公司賦予他們的的任務，然而事實上並不盡然，他們的工作往往沒有條理、十分瑣碎，而且經常是想到什麼就做什麼。那麼這些主管們在這樣隨心所欲、不經規劃、想到就做的情況下，到底做了哪些工作呢？關於這個問題，沒有人能提供讓人滿意的答案。

　　許多試圖回答這個問題的人，強調同儕之間的人際關係，他們認為多多建立與同階層同事相處的機會十分重要。 1950 年代的研究指出，中階主管有 1/3 至 1/2 的時間是用來建立人脈，而且這樣的比例還有向上攀升的趨勢。不過截至 1983 年為止，關於這方面的研究研究數據仍嫌不足，無法做出更詳盡的報告。只有少數幾個研究深入探討這種人際互動模式如何建立，又是如何維持下去的。更有少數學者仍然試圖為這種人際關係尋找合理的解釋。

　　問題是：既然是非正式的人際關係，那麼許多的活動必然是在私底下進行，毫無章法可言。中階主管們自認他們的專業技術毋庸贅述，但是一談到管理方面的工作，他們自己也變得模稜兩可起來。他們知道自己做的並非如一般人所想像的那些工作，如同有人跟我說過：「如果我們做的只是在上司與部屬之間傳遞消息，那麼公司大可以馬上要我們捲舖蓋走路！」但是當他們發現，自己得花

這麼多時間來建立人脈關係時，這些主管們著實傷透了腦筋。

　　事實上，中階主管們的工作可以分為兩方面來討論。首先要探討的是：他們把上司交代的工作做得有多好？這是屬於檯面上的問題，和整個管理體系息息相關，公司通常會根據某種「管理目標」來衡量主管的表現並給予嘉獎。第二個層面的主管工作則較難察覺評估，也很難以官僚體制加以掌控。這關係到他們能否與別人維持良好的互動關係一不論是公事或私事。很顯然的，這兩個層面密不可分，如果只顧做好自己份內的工作，而忽略了維持良好的人際關係，這樣的主管通常成不了大器，因為他們往往無法達成完美的目標。然而，這兩個層面也常常相互牴觸，因為以分工合作的方式做事，往往會逾越組織正式的從屬結構，而造成暫時的迷亂與損失。

　　這樣相互牴觸的情況，經常出現在那些仍舊沿襲傳統忠誠信條的公司裡，因而引發了不少故事：

　　　「為了要研發新的產品，公司必須再由最高管理當局中找出一個團隊來做最後的管理工作。我們花費了很大的力氣才把任務完成，執行委員會因為產品的成功而得到獎勵，但是我們並不是心甘情願做這項工作的。」（凱芮）

　　　「我們幾乎是在上級的刁難下，才逐步摸清整個品管程序，職位較低的人真的對這份工作感到興致勃勃。」（凱芮）

「我們與弟兄們在工作上彼此合作無間，雖然新的薪資制度並不鼓勵大家合作，但是我們會為了另一個工廠而少賺一點利潤，。」（艾蒙）

這些主管們一還有其他許多主管也是一樣一做了一些驚人之舉：他們做自認為有益於公司的事情，不在乎對自己有沒有好處，他們不管老闆怎麼交代，甚至不在乎他們能得到多少報酬。他們對公司的忠誠，使得他們將個人得失拋諸腦後，只圖解決公司的問題，而且中階主管們也相信就算他們這麼做，同事們也不會趁機向上司打小報告。忠誠並不是個人特質，而是一種文化；中階主管們相信與自己來自相同文化背景的同僚不會出賣他們，因此可以放心地做自己覺得對的事情。

這種打破階級制度的工作方式，當然十分極端。令人驚訝的是，這種例子在我的訪談中，出現的頻率頗高。另外一種較常見的例子，則是動用各種人脈，分工合作把工作完成，大家都認為這是工作中不可或缺的。皇冠公司（皇冠）的一位主管說：

事情每次一交到上司的手上，就會變得更複雜，他們不是用官樣文章來激怒你，就是會給你一大堆你不需要的東西。要想把工作做好，唯一該做的就是把事情計畫好，再和你的同僚一起商量該怎麼樣用最簡單的步驟來完成它，接下來你就可以把工作成果當作既成事實呈交出去了。

有人試圖為中階主管的特質下定義，這個特質使得中

階主管們不同於其他階級的員工，也使他們能夠自成一格。有些主管們提出了非常簡潔有力的解釋：

只有我們能把拼圖完整地拼湊出來。

衆人對於這樣的比喻有許多不同的見解。高級主管可說是拼圖的設計者，他們負責策劃整個大局；中階主管則因爲與實際情況接觸較多，所以是負責拼圖的人，他們的手中握著拼圖的其中一片，爲了要拼出完整的圖，必須能夠判斷自己手中的那片拼圖應該放在哪一個位置，還要能夠試試看這片拼圖可不可以和其它人手上的那一片拼在一起。他們必須不斷嘗試各種可能性，找出最合適的定位，就如同在工作上，他們必須找出能夠共同解決問題的工作夥伴，才能把工作做好。

皇冠公司的一位主管做了以下闡釋：

如果沒有中階主管的存在，公司肯定會陷入一團混亂。公司裡必須要有個中心點，否則沒有人知道誰該負責做什麼事情，結果每個人的工作都超出負擔。舉例來說，假設現在有個硬體設備完成了，我恰巧知道有個測試員正等著修復其中的一個軟體；生產部門的進度落後了兩天，更糟的是他們根本不知道自己落後了！也不知道測試員在等著他們的成品。在這一片混亂之中，總得要有人去了解各部門的需求，而唯一能做這件事情的就是負責協調工作的中階主管。

這種針對中階管理部門的功能所做的描述，與一般社

會體系理論運作的方式十分雷同。學者發現不論是以生物學或人工智慧學的角度來看，尚在學習或發展中的體制是沒有辦法分階級的，舉例來說，這樣的體制不能像電腦程式一樣完全按照既定的規則行事。隨機應變、視情況決定下一步驟的做事方法是必要的，公司的下屬們能夠與週遭環境保持緊密的互動關係，才能研發出具有市場競爭力的產品。這種隨狀況所做的調整才有助於公司整體的計畫。

而這種調整計畫的過程，就是皇冠公司的中階主管們不希望高層主管干涉太多細節時所持的理由。中階主管們的這種行事原則，對任何一家公司的運作來說都非常重要，我甚至認為中階主管所能發揮的最大功用就在於，他們可以隨時因應外在環境的變動而採取最合宜的對策，適時地更動最高管理階層所訂下的工作程序，以符合實際運作時的需求。為了做好這些工作，他們必須在面臨每一個不同的問題時，與不同的部門維持不同的聯繫，安排最適合的人去擔任某個職務。公司裡沒有其他階層的人員需要操心這些事情，上至最高管理當局、下至生產工人及技術人員的工作範圍都只侷限在自己的單位中，只有中階主管始終忙著聯繫公司上下，以因應外在環境的變化。

像這樣在各方面顯得精明能幹、八面玲瓏的角色，並非一蹴可及。對很多公司而言，「善於謀略」並不是一件好事。一個左右逢源的主管，意味著他可能常常在私底下自己做決定，而不管上級的命令，以及把個人利益看得比公司前途還重要；也可能會在公司中樹立個人的勢力，故意徇私苟且、搞小團體。企業裡不應該出現善於這種

「謀略」的主管。

忠誠可以建立良好的團隊關係，一旦失去了對彼此的忠誠，團隊關係就容易變質。員工們願意看在對公司的情份上，為公司整體的進步付出心力，但是一旦他們不再忠於公司時，就會凡事以自己的利益為優先考量。

換個方式來說，體制健全的企業就像一個社群一樣，其中的每一份子都必須願意彼此合作，然而官僚體制內並沒有這樣的力量。也因此，忠誠往往是屬於現實層面的管理技巧，而不是組織化的管理模式。包括ＩＢＭ、Hawlett-Packard在內的少數幾家企業，已經開始注意培養員工的忠誠，而大多數的大型企業實際上也都能體認忠心的重要性。

忠誠之極限：信任感之式微

儘管企業內的忠誠為「信任感」提供了存在的空間，它的發展條件卻十分有限。最基本的問題在於：忠誠是不能硬性規定的。它的功用在官僚制度的規則中，根本無法彰顯出來。如同我們看過的例子一樣，許多出於忠誠的行為往往與員工本身的職責發生牴觸。儘管這些行為的出發點是為了公司好，但是卻容易招致外界的批評。主管們為了做好自己的工作，常常會逾越公司所訂下的規定，但是他們這麼作，唯一的好處可能只不過是相信自己總有一天會得到回報。團體工作倚賴的是，人與人之間的互助合作或「利益互惠」。

這麼一來，原本單純的忠誠，可能很快就會惡化成別有心機的手段。利益互惠的結果是爲大局著想或爲個人牟利，差別只在一線間。當所有的事情都在檯面下私相授受時，忠誠可能就消失殆盡了。此外，主管們可以利用他們的職權，以獎勵做爲手段樹立自己的小圈子、拉攏對自己有利的人。即使在最好的公司裡，這種變了質的信任感或多或少也都存在著。

問題不只如此，在典型的企業集團中，就連善意的謀略也受到嚴重的阻礙，即使員工有再強烈的合作意願，想爲公司謀福利，但是同儕間的影響卻使人望之卻步。

1. 同儕影響力建構在人與人之間彼此信賴的友誼及信任感等互動關係上，因此，人們在作決定時，不見得是經過詳細考慮的，可能只是受到周圍朋友的影響。

2. 通常在同質性較高的一群人當中，才會發展出同儕之間的影響力，因爲人們比較相信和自己思想、行爲相似的人；這也就是公司內形成小團體的主因。弱勢團體的形成，所帶來最大的問題在於，他們會瓦解人與人之間的關係，使公司內部失去團結的力量，因而使整個公司越來越走向官僚體制結構。

3. 這樣的小團體肇始於一對一的人際關係。在體制外形成的小團體更具破壞力，人們會將自己認同於某一類的人，例如「寫程式的」、「一群老鳥」等。但是他們的行動無法一致，結果要想在官僚體制之外建立一個緊密的團體更形困難。

4. 當不同的團體之間發生衝突時，糾紛很難擺平。既然小團體本身就不被正式的公司體系認同，自然也沒辦法比較異同，彼此之間只能在言語上互相潑冷水，而不能開誠佈公地對話，同時，這些麻煩也只能私下解決，無法搬上檯面。

5. 當上級與下屬之間出現意見分歧的情形時，很容易引起命令與反抗的惡性循環。舉例來說，中階主管經常反對高級主管的命令：有時候是因為他們比高級主管了解事情始末而不得不違抗他們的命令，有時候則只是消極地為反對而反對，因為他們不希望自己的工作領域受到侵犯。但不論是哪一種情況，都很難消弭中階主管與上級之間的誤解。

　　雖然有種種缺失，近一世紀以來，忠誠是官僚制度之一大基本要素，要是缺少了忠誠，官僚體制很快就會因為過於拘泥形式，導致行事效率不佳而迅速瓦解。於是，如何維持員工對公司的忠誠，也就成為企業經營實務上的一門大學問，企業要不是繼續延續忠誠的存在，就是得尋求更好的替代品。本書後面將會提到的「因共同的目標而結合的團體」逐漸有取代忠誠的趨勢，因為人們願意為了達到相同的目的而與別人分工合作，不過它的架構更臻成熟，也更具彈性。

道德方面的問題

　　忠誠不只是實務方面的課題，也是管理的一種工具。公司必須衡量它能夠帶來的功效及為了維護它而須付出的代價，此外，它也和道德層面有很大的關係。正因忠誠結合了眾多特性，因而造就了它獨特的多變性。

　　忠心不二到底是不是件好事呢？我所訪談的主管大都肯定忠誠的價值：他們視忠誠為彼此信任、關懷及尊重的同義詞，並將它與「冷漠」、「無情」形成對比。對這些主管來說，那是貪婪與人類價值相抗衡所產生的道德觀，不過也有人不同意這種說法。另外一些同樣以道德觀為出發點的人，就認為忠誠是不可或缺的。這些人的想法可以用以下這句話為代表：

　　　　想要別人對你忠心，不如去養條狗吧！

　　這裡所探討的，是員工個人與公司之間的相互關係。我們可以看到兩種道德觀，其中一個十分強調約束力，認為這樣才能促使個人犧牲小我以達到更好的境界。另外一個觀點則認為，人人都應該為自己的命運負責，並且尋求自我成長的可能，以社會學的名詞來解釋，這是「禮俗社會」（Gemeinschaft）與「利益社會」（Gesellschaft）之爭，也是團體榮譽與個人自由之間的抗衡。

　　資本主義始終因為它對團體所具有的破壞力而飽受批評。當亞當史密斯（Adam Smith）在面對它自己對資本主義能力的分析，以及資本主義因道德約束力而萎靡的事實時，也大嘆左右為難。這個議題引發了不少值得深思的

問題，《寂寞的人群》（The Lonely Crowd）這本書就描述了市場的侵蝕力對人際關係所造成的傷害；《心靈習性》（Habits of the Heart）的作者，則在書中呼籲我們重新建構對團體利益應盡的義務。

不過，也有人強烈批評傳統社群，並且大肆頌揚現代的解放力量。我們所知道的社群一向是封閉、劃地自限、容不下外來者與外界變化、應變能力非常遲緩的。以近來廣受爭議的家庭與女性主義問題為例，一方面，家庭提供了穩定力及強烈的道德觀，但在另一方面來說，同樣的道德觀卻讓女性受到限制與壓抑，無法追求自我發展與成長。

這樣的爭議維持了很長的時間，因為無論是個人或團體都有道德上的價值觀。在近代的論述中，從柏拉圖的《共和國》（Repuclic）到中世紀偉人葛瑞格（Gregory the Great）的神學，擁有特權的階級制度漸漸因為人們的自我覺醒而式微，但是現代性最主要的特質就在於主張爭取個人的獨立自主權，在這樣的思想中，要求個人忠於公司、凡事以公司為前提的可能性幾乎是微乎其微的。

個人對於團體的義務，因而參雜了情感的特質，也就是一些人們極其渴求、但現代性無法給予人們的東西，社群的形象也就因此由早期延續至現代。在 1980 年代，社群在自由市場咄咄逼人的壓力下，著實有過一段艱苦的時期。

關於社群團體的一些論述，多半有三個共同點：相信（或假設）社群是很好的一種共同體、批評實際的社群受

到壓抑而封閉，但是他們也同樣都提不出更好的選擇。有人認為這是一種懷舊的心態：對從前小鎮生活的優點念念不忘，然而這些小鎮卻因沒有人願意居住而漸漸沒落。

現今有關管理方面的困難，可以用這樣的問題做為結束：究竟是論功行賞比較有價值，或應該獎勵忠心不二的人？應該接受外界的影響，或保留原有的判斷與裁量？

令人感到有些訝異地，裁員風波所顯露的問題在於，大部分的主管們面對這些選擇一點也不感到左右為難。他們渴望團體社群所具有的價值觀及親切感、還有支持的力量，他們非常排斥個人主義觀念以及論功行賞的功利世界，特別是必須打破公司藩籬時。正如納得公司的主管們現在的處境，他們對於這樣的緊張情勢作了詳盡的解釋：

在以往，每個人只要負責做好自己份內的工作，公司就會負起照顧員工生活的義務，員工與公司之間是彼此信任的。到了這個專業時代掛帥的時代，人人都靠專業技術來完成自己的工作，公司裡再也沒有信任可言──員工只是到公司完成某個任務，是為了某個目的而來。隨著專業技術日益盛行，從業人員的流動性也大大提高，於是忠誠與奉獻精神就漸漸喪失了，擁有高技術的專家們不再在意信任與不信任的問題，他們不在乎公司的過去，也不在乎我們以前在公司中所維持的家人般的親切感。他們總是說：「拜託！我是個專家，我只是來做事的，如果我的技術有所貢獻，那再好也不過；萬一我搞不定我該做的工

作，那我大可另謀高就。」這就是專業主義與過
去充滿互信的時代不同之處。

　　一般而言，在我的研究報告中，絕大多數的中階主
管都希望能夠忠於自己的公司。他們所期望的不只是一時
的依功論賞，而是長期的歸屬感，也就是一種可以支持他
們的力量。他們可以爲了這種安全感而替公司奉獻自己的
心力。雖然在我之前許多研究學者們都認爲，一般企業主
常常對主管們做出不合理的要求，但是我們卻從來沒有聽
過任何一個主管提出抱怨；相反地，他們十分悲嘆自己現
在被迫與公司之間失去約束力的處境。

　　大體來說，中階主管覺得自己在道德方面已經是瀕臨
絕跡的那一種人，這個意思並不是說以後公司當中不會再
有中階主管這個職稱，而是他們與公司之間的關係原本十
分重要，今後卻將面臨危機。他們深切體認到專業人士的
強勢力量，而且也相信擁有專業技術的主管們終將大獲全
勝。許多年紀較長的主管們抱持著堅決的態度，認爲公司
不可能解僱再過幾年就可以退休的老部屬，所以他們可以
繼續留在公司裡、替公司做事。年輕的中階主管們就往往
會以比較嘲諷或認命的態度來面對自己在公司中的處境：

　　　　我希望能感受到公司對我的忠誠，說實在
　　的，我或多或少有這種感覺，但是我也非常清
　　楚，公司只有在需要我時才會對我講忠誠二字，
　　一旦他們有了更好的選擇，我就會被踢出去。

　　這些主管們的苦惱，也在整個社會階層中引起了迴

響：我們要的是何種社群？我們要如何在家庭價值與市場需求、仁慈與競爭、責任與自由之間作抉擇？而個人與社會團體之間又存在著哪些關係呢？

在某些情形下，公司的要求很顯然地侵犯了個人的權利。例如福特汽車公司(Ford)總裁亨利福特先生(Henry Ford)，對於員工生活所做的調查就違反了員工的隱私權。儘管類似的情況屢見不鮮，但法律總是站在企業主這一邊。過去，IBM公司規定主管階級的職員們必須戴帽子上班，當時有許多人也不能適應這個規定。最近許多企業因為歧視女性或政治立場不同的員工而遭到控訴，使得公司權力受到不少挑戰。到底企業主們應該對員工作出哪些要求，才算合理呢？

企業界目前所遭遇的困難，可以幫助我們更深入地了解這個問題。

如果忠誠終究無法在企業中維持下去─就如許多公司現在以行動所做出的暗示，那麼我們可以從忠誠崩潰的經驗當中汲取到一點經驗，或許也能藉著對裁員風波的觀察，找出另外一個可以取代忠誠的方法。

處於危機中的傳統社群

3.

裁員風波所造成的震撼

　　上一章主要希望能透過員工個人與公司雙方不同的立場，探討企業內部之所以奉行忠誠的原因。而在種種的爭議之中，我們可以想見的，是在顛覆傳統模式的過程中可能會引發的問題。事實上，這些問題的確也造成了軒然大波。

　　我們就先針對一些顯而易見的問題加以探究。在這些例子中，人們不滿的情緒已達沸騰，而且大家的處境都不好受。這種情況突顯了傳統企業忠誠的重要性，也證明了即使大家都以為早已揚棄了忠誠，但事實上它仍然是企業內部用以維繫人心的一大利器。

　　在我的研究對象當中，只有寥寥數家企業的內部是充斥了不滿與憂鬱的氣氛，這一點或許十分出人意表，一般

人都認為公司一旦作出了裁員的決定，或多或少都會影響員工們工作的士氣。然而，實際情況並非如此。人們一開始的確會對公司的決定感到憤恨不平，但是他們似乎不會長期沉浸在那種不滿的情緒中，反而會很快地以泰然自若的態度面對這樣的鉅變（下一章中將會探討這種達觀的態度）。而那些始終無法走出裁員陰影的企業，往往仍在設法調適公司變化所帶來的衝擊。簡而言之，他們的表現正代表了企業裁員時，員工們當下的反應。

有這些困擾的企業雖然並不多，不過他們的問題都已經浮出了檯面，而這些公司所面臨的情況十分複雜難解。當中階主管們感受到事業出現危機時，他們並沒有背棄自己的公司，事實上，問題就在這裡。以這些主管的角度而言，公司裁撤他們的舉動是錯誤的，違背了道德上的契約，然而，他們仍然十分仰賴公司，也非常關心公司未來的發展。公司裁員的舉動使得中階主管們對公司產生五味雜陳的情緒。

我就先以發生類似情形的企業當中，問題最單純的納得企業作為例子來描述。

納得企業的處境

1980 年早期之前，這一家老字號製造廠所生產的產品幾乎壟斷整個市場，如今，它只不過是另外一個大企業的子公司。在過去，納得公司也一向以重視員工福利聞名：他們從來不曾解僱白領階級職員，也很少開除工廠裡

的勞工，這家企業裡有很多員工如今已是第二代在此工作。

到了 1980 年，市場上的競爭漸趨白熱化，尤其外來的生意對手日益增加，迫使納得企業遭受各方壓力，他們除了必須推出更創新的產品、確保產品有更好的品質、並且提供客戶更多售後服務之外，還得設法降低預算支出，公司的績效愈來愈不景氣，到了 1985 年，公司的表現沒有進步的跡象，而且產品品質在市場上也得不到良好的評價。

後來納得企業經歷了兩次重大的變革。 1985 年，董事會決定撤換總裁人選，讓在另一個子公司表現優異的負責人來整頓納得企業。臨危受命的這位新總裁，在就任後開始大刀闊斧地進行一連串改革：他延攬一批新血輪作為自己的幹部，而解聘了大約115位舊主管，創下納得企業有史以來的新紀錄。他將納得企業的機能型態由原先的製造業轉變為以產品行銷為主的業務型態，並且大幅削弱主管人員的權力。他十分強調革新，也非常遵從「追求卓越」（In Search for Excellence）的金科玉律─重視產品與顧客的關聯性。在這位新總裁大力整頓之下，納得企業的新產品很快問世了，品質也大大提昇；然而，公司的業績並沒有明顯的進步。

到了 1997 年，董事會再度延攬另一家公司行將卸任的財務長，請他接任納得企業總裁。這一任總裁將整個公司內部的人事結構整頓得更加緊密：更加中央集權，釐清各部門的職權，並且進一步刪減公司的預算，公司僱用新

人的機會減少，但是也不再進行裁員。到了1998年底，在這位總裁的帶領之下，公司的財務雖然仍處於捉襟見肘的階段，但業績已有改善。

1988年9月，在我第一次拜訪納得公司時，中階主管們仍然無法適應公司的變革。雖然改革的計畫已經進行了三年，但是這些主管們卻是在半年前才開始受到波及。之所以發生這種狀況，我的推測是：當公司開始進行整頓時，人人都認為自己的工作不會受到影響，到了後來，他們赫然發覺事情並不如自己所想的那樣，於是他們開始手忙腳亂地調整自己的步伐，以因應公司的變化。

我所訪談的那些主管們，對於自己的處境都感到十分惶恐與困惑，並對那些打亂公司原有生態的「外人」抱著很深的敵意。

> 「我們現在都不敢出去吃午飯，因為擔心當我們吃飽飯回到公司時，已經不得其門而入了。我對未來一點信心也沒有，現在沒有多少人對未來抱持希望了。」

> 「我搞不懂公司為什麼要聘請那些『空降部隊』，他們打從一進來就把公司批評得一無是處，可是我們覺得在他們來公司之前，我們做得還挺好的！」

> 「我現在充滿了焦慮與恐懼，再也不敢信任別人了。現在這家公司變成一個冷冰冰的地方，一點人性也沒有。」

然而，這家企業的其他員工卻有不同的想法。他們並不認為公司出現過什麼問題，他們認為那一群「外人」為公司帶來許多創新的點子，能夠在原本的架構上變出新花樣；還有一些人則認為公司的確出現過問題，不過現在危機已經過去了，公司已經重新上軌道，可以面對市場上的激烈競爭，因此不再需要更多的改革。

　　導致這些不滿的因素有很多，裁員就是其中一個重要的原因。對那些受到波及的人而言，裁員行動的確造成許多負面的影響。雖然公司裁撤了上百位主管，但是只有少數幾個主管真的被迫離職；其他的主管多半是提早退休、或在公司裡找到其它的差事而繼續留下來。除此之外，每個人也都同意，公司為了安置那些離職的員工，的確付出許多心力。然而，公司的改變所造成的影響不只如此，就連那些沒有直接受到波及的人，也都能夠感受到它的威力。就如一些人所說的：「這次公司裁員的舉動簡直嚇壞我了！過去我在公司裡總是有話直說，現在我只敢安分地做好自己份內的工作，以免被開除。我很愛這家公司，但是我真的是怕了。」

　　另一方面，公司裡的員工們對各部門各行其是的作風也抱怨連連。他們認為公司裡的新措施破壞了部門間的和諧，以致於工作上往往事倍功半。而最令他們無法忍受的一點是：新的管理階層並沒有事先規劃出公司轉型的政策。

　　「我無法確定公司未來的走向，也不知道這樣的改變會把公司導引到哪一個方向。從過去到

現在，我不曾看過公司真正的變革，我不知道他們試圖把公司變成什麼樣子：也許他們只不過想花更少人力來讓公司保持現狀，我真的不知道。」

「我認為公司真的需要一些變革，但是並不需要把所有的權責分散到各部門。公司現在這麼做，只不過是盲目地追隨潮流罷了！我很訝異在這種壓力之下，公司裡的主管們竟然沒有精神崩潰！」

這就是公司未能與員工共同規劃未來遠景的結果。高層主管們宣稱他們已經將公司的困境與可行的解決方案告訴所有的員工，但是員工們並不探信，他們說：「公司裡的高層主管們沒有好好規劃公司未來發展的藍圖，這使大家覺得不安與無法適應。」一旦人們覺得未來失去保障，就很容易流言四起，所以他們往往抱持著半信半疑的態度：「是啊，說是這麼說，但是…」

儘管員工對公司的變化感到如此憤怒與不安，卻幾乎沒有人因此而與公司為敵，或只求自保、不在乎公司的立場，因此尚未醞成以寡擊眾的衝突場面，這一切都是基於員工對公司強烈的「愛」，以及為公司盡一份力量的意願。舉例來說，有位被裁員之後又再度回到納得企業工作的女士說：「我只怪我的上司，不怪這家公司。我是個好職員，而且會一直保持下去。」

這位女士所說的話反映了傳統觀念中的「忠誠」：人們將公司視為一個整體、一個社群，而為它奉獻自己的

心力，員工與公司的關係是牢不可分的，他們願意為公司付出一切。許多員工的家人也都與自己在同一家公司任職，所以都無法想像一旦公司不復存在，自己的生活會變成什麼樣子。他們的言談之間對於這樣的牽絆充滿了情感，也對這個社群的分崩離析感傷。

> 「這個公司過去一向充滿團隊精神及絕對的忠誠，對員工的家庭來說是一種良好的互動關係。但是現在這種精神已經消失了，人與人之間的關係愈來愈淡薄，為了公司的福利著想，我們應該要重新振興這種團隊精神。」

> 「以前我父親在這兒工作，當我母親生病時，公司對我們家的照顧非常周到，所有能幫忙的地方他們全部都做到了，那時候的人似乎比較願意主動關心別人。」

此外，這些主管們認為這些轉變大大地危害了公司的整體表現，這並不是因為員工們過於懈怠，或者抗拒公司的改革，相反地，他們十分樂意遵守上司的命令，問題在於人們缺少了互助合作的共識。過去那種中央集權、有安全感、會照顧員工的社群鼓勵員工互助，而現在這種渾沌不清的局面卻破壞了原來的那種共識：

> 「現在耍手段、靠裙帶關係的人愈來愈多了，因為現在公司裡頭正式的報告比較少，老闆也不太會將所有的事情一把抓，這樣的情況使得

大家愈來愈不信任彼此。現在在公司裡，能夠掌握情報、並且阻止別人獲取情報的人就能掌握大權，地方分權的政策使得情報的操縱益發重要，小道消息的傳播力量更是大得驚人。」

「現在部門之間的整合力量太薄弱了，每個部門的人都各行其是，再也看不到過去辦公室中的那種凝聚力。以前，只要一有新產品推出，就會把每個人的力量結合在一起，如今大家都只顧著自掃門前雪，對其它部門的事情漠不關心。」

令人感到意外的是，這些意見正好與公司轉型主導者的用意背道而馳，工作成果與職權分配的重點應該在於，是否能夠創造出更好的整體表現，並且作出更有效率的決策。然而，納得企業內部整頓所產生的效應卻與預期的結果完全相反—至少在中階主管階層的情形是如此。

大多數的人對這種情況甚表同情，一再聲明要是能夠知道公司的問題到底在哪裡，他們非常樂意幫忙。事實上，有些人已經放棄試圖去了解問題的癥結了，有位資深主管就說：「我可以告訴你，我現在只管好好經營自己這個部門就行了，我可不管其他地方發生了什麼事情。對我來說，光是做好自己的工作已經夠煩的了！」另外一位主管則作出了十分低調的回應：「可是以前整個公司是個大團隊啊！」

這些忠心耿耿的中階主管在公司中仍佔大多數，他們的確有個共同的對手—這個對手不不是指公司，也不是高

層主管，而是一群被視爲「專業人才」的新進主管。「專業素養」（professionalism）這個詞彙幾乎是恥辱的代名詞：它意謂著那些獨立於公司之外、也不融入傳統封閉社群的人，同時也代表讓那些忠心的主管們厭惡的觀念：

> 以前這個公司非常照顧員工，在這裡的人只要努力工作就有資格得到成長與發展的空間，也能獲得利益，但是現在盛行的是講求付出與收穫的專業主義，以前那種對公司的歸屬感已經不存在了。

而那些專家們也認爲自己與衆不同，但是他們否認自己爲公司的付出比那些死忠派少。對公司忠心耿耿的人認爲，這些所謂的「專家」缺乏對公司的歸屬感，但是這些專業人士則認爲，他們不是對公司沒有歸屬感，他們不過是以不同的方式來表現他們對公司的向心力：

> 我比其他人更能適應環境的變遷，變化本身並不會讓我覺得有什麼困擾，我在許多不同的公司待過，也從中獲益良多。我喜歡多變性…那些一輩子只待在同一家公司的人，對這個公司的情感比我深，傳統的革新觀念和預期中的變化已經不復存在了。

這些專家批評那些死忠人士無法跳脫傳統的束縛及人情壓力，無法完成自己的工作：

> 在這個公司裡，人人都抱持著與人爲善的態度在做事情，我喜歡做點不一樣的事，因此被貼

上了「不良分子」的標籤，大部分的人都不足以
運用說服力去影響自己職權以外的地方，來完成
自己的工作。

　　伴隨而來結果是：這些專業人士和死忠派一樣對公司
制度不滿，他們大肆批判高層主管們面對公司變化時的處
理方式，同時，他們在目前的工作環境中也無法遊刃有
餘。不過，他們能夠以死忠人士無法理解的角度去看待公
司所發生的狀況，他們既不同情公司的處境，也不會凡事
只求自保。這些專家們對公司的運作有自己的理念，知道
自己在公司中所扮演的角色，也知道當公司前景不樂觀
時，自己該怎麼辦。

　　簡單地說，這個公司內部有兩種截然不同的派系。佔
多數的死忠派仍對公司抱持著許多期望，因為他們對公司
有著所謂的「歸屬感」：他們相信努力工作必可獲得相
對的回報。在這樣的觀念驅使之下，他們可以為公司作任
何事情：每天加班、調職、犧牲小我…他們希望公司能給
予相同的回報，也希望從同事之間獲取如親人般的情感。

　　專業人士們則有不一樣的期望，他們不求公司給他們
安全感或對個人的關照，也不願意為了公司「犧牲小
我」。他們希望自己的付出能得到合理的報酬，也願意
為了工作貢獻自己，但是僅限於專業能力方面。忠心之士
認為這些人的做法只是斤斤計較於「付出與收穫」，完
全違背了互信的原則。但是在這些專業人士的觀念中，他
們自己才是值得信賴的部屬，因為他們與公司之間的關係
完全基於工作表現，而不是所謂的「歸屬感」。他們十

分強調商場上必須「知己知彼」方能「百戰百勝」，並且能夠針對目標構思出能夠致勝的最佳策略，而這也就是他們所謂標準的工作表現。只有在這些事情一一釐清之後，他們才能夠清楚地知道哪些人是值得信任的。

顯然地，最高管理階層自認為是專業人士；而那些講求忠誠的中階下屬們當然也是這麼認為。這些高層主管認為，要讓公司內部互助合作，就要以員工的工作表現作為評量的準則，才能夠有更大的彈性空間與更多約束力。然而，他們所主張的這種倫理觀念並不為下屬所了解，同時，上級也採取了許多措施，如裁員、重整等。公司的措施在專業人士的角度來說是十分合理的，但是卻破壞了企業組織中原有的期望與關係。

在破壞了舊有的關係基礎、又無法提供補償方式的情況之下，人們是無法團結一致的。因此，忠心之士只剩下兩種選擇：只求自保或完全按照公司的新規定行事，也就是說，他們必須在「為求生存而耍手段」與「奉行官僚制度」兩者之間抉擇。對於想要對公司有所建樹的人而言，不管哪一種選擇都十分令之苦惱。

而中等階級的專業人士們，也有不受公司器重的感覺，因為他們覺得上司似乎未能好好地規劃公司的前途，也沒有樹立工作表現的標準。因此，他們也很難與公司配合，因而感到挫折重重。不過他們所受的衝擊比較小，因為他們有較多的選擇機會—他們並不排斥在公司以外的地方求發展。

遭受裁員衝擊後的企業型態

現在，我將以更寬廣的角度來探討上述的例子。

納得企業在重新整頓的過程中所引起的反應，與其他的公司在裁員行動之初所造成的影響十分類似。他們所遇到的困難都是十分棘手，而且也都充滿了矛盾與困惑。在剛開始時，人們都還來不及有條理地將自己的反應表達出來，他們往往會在一陣針對主管的猛烈抨擊之後，又改變自己的立場，一會兒乞求上司能夠對他們伸出援手，一會兒自艾自憐，一會兒又決心咬緊牙關、幫助公司起死回生。

人們偶爾會說公司裡面的士氣愈來愈低落，害得大家無心工作－員工們總是五點一到就準時打卡下班，也不願意在週末加班，諸如此類的事情在公司裡愈來愈常見。然而，像加班這樣的行為也只是人們自己為了對公司的期許而主動付出的，公司並沒有硬性規定。相反地，大多數的人相信，他們自己和其他的同事們都比以往更勤奮地工作，他們經常抱怨工作帶來的壓力，也十分不滿公司人數減少後，他們常須額外加班的情況。

人力減縮了之後，每個人的工作量一定會增加，這或許是很顯而易見的情形。沒有一家公司因此而在轉型之後調整人員的配置，因此員工們必須付出更多心力才能把工作做好。許多主管都說，他們必須填補公司人事變動之後所出現的遺缺。

但是，爲什麼公司要解僱這麼多人呢？那些人的工作效率又如何？

工作動機：爲什麼要工作？

癱瘓人心的恐懼感

當週遭有人被解僱時，人們必然會受到刺激而更努力工作。然而，事實並非完全能盡如人意。對前途最感到恐慌的，並非那些自認爲工作勤奮的人。這些人面對裁員風波的反應是，寧可做隻鴕鳥，只要把自己的事情做好就算了：「恐懼造成的後果就是分崩離析，人人都只顧著保住自己的飯碗，無暇顧及其它的事情。」

對這些主管們而言，整個世界彷彿陷入了一團混亂當中，大家不再遵循熟悉的因果關係。在舊秩序中，只要做好自己的工作，就可以得到保障，但是現在要怎麼做才有保障可言呢？連這些主管們也不敢肯定。

不過，這些主管的上司能夠提出一個答案－好的工作表現可以爲你贏得保障。納得企業與其他幾家公司的人事主管及生產主管們對這一點毫無異議。如同其他大多數的公司一般，納得企業曾經嘗試過以員工的考績當作裁員的基準，並且開創了以工作表現作爲獎懲評量方式的新紀元。

然而這樣的理念並無法貫徹，至少在裁員風波剛開始時是如此。由於裁員的舉動完全顛覆了原有的獎懲標準，

導致中階主管們再也不信任任何一種衡量準則，他們經常嘲諷公司把員工表現列為裁員基準的做法。在公司裡，有些表現優秀的員工遭到裁撤，而表現不佳的人反而安然無恙：「被解僱的似乎不見得是那些做得不好的員工，因此人們覺得即使自己表現得再好，如果運氣不夠好，或有可能會被踢出公司。」更糟糕的是，就連主管們也很難界定何種表現稱得上「優秀」。因此，在害怕被裁員的情況下，人們當然不敢有什麼創新之舉：「大家都變得裹足不前，也不再支持別人了。在溝通會議上，沒有人會發問，因為大家都害怕因此而丟掉飯碗。如果你偷偷問旁邊的人為什麼會議始終無法達成共識，他們只會叫你閉嘴、少自找麻煩。」最慘不忍睹的情況是，整個公司裡的工作環境已經不再有合理性，就連最基本的工作也好像不再具有意義了。對他們而言，根本不知道怎麼做才能得到獎賞，也不知道公司的要求是什麼。於是，人們每天一到公司就開始作眼前的工作，絲毫不在乎別的事情。當因果關係失去效力時，努力工作與否似乎一點也不重要了。

平衡點：渴望付出的心態

然而，大部分的企業並沒有受到這種恐懼情緒的侵襲，就連納得企業也是一樣。這些公司中的員工反而抱持著希望能為公司做出最好表現的態度。

無論任何情況之下，只要人們知道自己或公司需要什麼，危機意識就油然而生，致使人們為了達到要求而付出更多的努力。人們多半認為這是「奉獻」的精神。「激

勵我繼續工作下去的動力，就是我感覺到自己是在為一家逐年成長、體制健全的公司工作。」企業之所以進步，所仰賴的就是這樣的精神，以及「先有非常的破壞、才有非常的建設」這個信念。唯有抱持著這樣的觀念，才能激勵員工們努力堅守自己的工作崗位，否則只會導致人心渙散、工作效率低落。

尋找方向

我說過，納得企業並沒有為員工們的工作提供美好的遠景，然而，這樣的問題並非只存在於納得企業，事實上，大部分的公司在面臨危機時，都會出現這樣的困擾。如何讓員工們對公司的前途充滿信心，也是令高層管理當局大傷腦筋的事情。納得企業發生的狀況，足以作為這類問題的最佳借鏡。

問題的癥結，並不在於高層主管無法正視公司裡所發生的狀況，相反地，在公司面臨裁員的可能時，我所訪談過的主管們都曾經與自己部門的員工們進行溝通的工作。根據我的觀察，高層主管們不斷地召開會議、研商公司裡的管理策略，同時也以各種方式讓員工們參與討論，不論是召開讓全體員工共同參與的大型會議、或一對一的小組晤談，在這些討論中，他們多半能夠擬訂出公司的前途走向及一些重要的管理策略。在大部分的公司中，這樣的做法是前所未聞的，而且規模也比從前大了許多。然而，這些會議的討論結果似乎無法有很大的助益。

我將引述利可公司的主管們所說的話，希望可以幫助

我們對這個問題有更具體的認知，以下第一段話引述自一位高層主管之評論，第二段話則出自一位在職場上非常積極活躍的中階主管。

高層主管：

> 我理想中的管理理念是，必須將管理與公司的營運狀況緊密結合在一起，上司及各部門負責人才能清楚地了解自己到底有沒有對公司的營運使上力。如此一來，在各部門各自召開部門會議時，負責人才能夠與部屬們商討工作上的得失，這麼做再好也不過了。我認為，我們公司還無法做到這一點，而且還有一大截差距，但是這種管理模式是公司的目標…同時，為了倡導這樣的理念，公司每年都會召開一次大型會議，邀請各階層主管共同研商。

中階主管：

> 我想，總歸一句話，公司裡的風氣問題出了很大的紕漏，情況真的太糟糕了，我都不知道該從何說起。在這裡，人人互不信任，財務報表也是一再刪改，一點都不可靠。因為公司在業務方面一點經營策略也沒有，連我們到底有哪些客戶都搞不清楚，也提不出通盤的解決方案，在這種情況下做出來的統計數字，哪有信度可言呢？

中階主管批評高層主管沒有按照計畫來做事，不過高層主管也有話要說：他們認為改變是需要時間的，就算知道該怎麼做，也不能夠急於一時。我們可以將這個問題留

新白領階級

待日後再來探討。解決的方式不一而足，不過重點在於同樣的問題不只發生在一家公司裡，它對許多不同的企業都造成了非常深遠的影響。

那麼，中階主管們又怎麼知道自己該做些什麼呢？

有一個很好的辦法，可以解決中階主管們的困擾，就是盡量和某位特定的負責人維繫良好的關係。納得企業的員工有個相同的想法：新來的部門主管會帶來一大堆麻煩，但是總裁是一輩子都會待在公司裡的人，他才會真正地關心部屬、不會做出傷害員工的事情，員工們可以信賴他：萬一真的發生損害員工權益的事情，那也只有兩種可能性，其中之一是：總裁對這件事根本毫不知情，要是他得知整件事情的始末，一定會為員工伸張正義：另外一個可能性就是：這種遺憾是勢必要發生的，否則，總裁不可能坐視不管。不過，格拉弗公司的員工就有截然不同的想法了，他們並不在乎主管是公司裡的老幹部或新來的空降部隊。這家公司最大的問題是：他們的總裁十分短視近利，但是在他之下的繼任人選是真正參與公司營運、深知管理問題的人—他才是值得員工信賴的人。

另外一個辦法，就是凡事按照舊規矩來，會這麼做的人通常都認定公司只是暫時出現危機，很快就會雨過天青，回復過去的平靜。的確，他們會有這種信念，完全是基於對老長官的信任感，這麼做不單只是在維護舊型態，大家都認為這麼一來，公司的行政可以更有條理、更有效率。我照例請他們對於中階主管是否會遭到淘汰提出自己的見解，大部分的回答都認為，中階主管的人數的確明顯

減少了，因此，他們並不是單純的希望公司恢復以前的管理模式，他們所期盼的，是能夠重拾往日的安全感。一旦公司的結構經過去蕪存菁之後，所有的紛爭都告一段落，留在公司的員工們就可以和優秀的企業一樣維持那些優良的傳統了。

的確，大部分的人都抱持著這種樂觀的想法，他們並不諱言公司裡的中階主管人數過於飽和、制度蕩然無存、以及那些尸位素餐的人也過於猖狂了。他們相信，適度的裁員可以讓公司業績成長茁壯，對公司與員工來說都是有益無害的。主管們通常會跳脫自己有限的思考模式來判斷什麼對公司最好，而他們也認為在某些情況下，裁員行動是值得嘉許的：

> 「就算我被裁員了，我也能夠諒解有許多裁員行動是必須的，有很多人根本沒有用心地工作，公司必須淘汰那些表現不佳的員工。」

> 「值得慶幸的是，公司花了許多預算在研發新產品，也因此帶來良好的利潤，另外，他們也刪減了一些開銷預算。這麼做是很好的，人不能永遠活在自己的世界裡，不能只懂得為自己著想。」

然而，隱藏在這種期待背後的假設是：公司經過了暫時的陣痛期之後，能夠長久地維持良好的狀況。在這樣的公司中，大部分的員工都不希望勞資關係出現變化。

簡單地說，讓人們在工作面臨最艱難的困境之際，還

能咬緊牙關撐下去的動力就是，渴望能為公司的進步盡力的那一股熱情。這股信念也有助於避免員工對公司產生敵意與抗爭的情緒，但是它也有缺點：員工們過度沉緬於公司過去的舊制度，因而難以接受大部分高層主管所做的新改革。

人際關係：分裂與退縮

我認為，裁員風波引起的另外一個負面影響，可能是導致人與人之間的相互敵視，在許多面臨瓦解的社會中都曾經出現這種「互相指責」的現象。我早就預期，在訪談的過程中會出現許多相互指責的情形。

高層主管與「外來者」（由別家公司挖角來的人）最常受到別人的指責，不過由於大家終究覺得彼此是相互依賴的，所以這些責備並不至於引發激烈的糾紛。儘管人們會為了一些麻煩而埋怨主管，他們也會拜託主管出面替他們解決問題；即使對新來的主管抱持著懷疑的態度，人們也很歡迎他們成為公司的一份子。

整體而言，人事上的小糾紛對這些公司說，並不是什麼大問題，人們並不會因此而背棄彼此，但是人際關係變得比較疏離，大家寧可獨立完成自己的工作。這樣的情況最後就會惡化成人人各自為政的局面。

中階主管與高階主管之爭

　　毫無疑問地，最嚴重的分裂情形就發生在中階主管與高層主管之間。雖然不和的情況總是默默進行著，等待某個上司來居中協調、打破僵局，但是，這兩者之間的疏離感及對彼此的誤解始終無法消除，也不斷在這幾家公司當中反覆上演著。

　　我們可以從不同的層面來探討中階主管及高層主管的關係。有些人認為，兩者之間就像戰場上的敵人一般地壁壘分明：「高層主管們老是犯些嚴重的錯誤，一點也不值得信任，但是中階主管就不同了，他們挑得起重責大任，而且還有能力收拾所有的爛攤子。別以為這家公司裡的人都忘記如何思考及觀察週遭的事物了，他們不但會察言觀色，也會關心公司裡頭發生的所有大小事。」

　　這種充滿敵意的論調並不多見，就算在員工不滿程度最高的公司裡，最典型的反應也都是充滿挫折感和困惑，不知道到底發生了什麼事情，以及希望主管知道自己在做什麼、以及害怕他們真的對自己的所作所為一無所知的複雜情緒。如同有人所說的：「我確定公司這麼做一定有很充分的理由，但有時候他們所說的理由實在令人難以信服。」持這種論調的人對高層主管並沒有任何敵意，但是對他們來說，高層主管的作為簡直令人難以理解。

　　這些反應其實都源自不良的溝通。在重整公司的過程中，握有實權的主管們與受到影響的中階主管們之間也因這種觀念上的鴻溝而種下不少心結。前者認為，公司裡所有的決定都是經過慎重規劃的，而後者卻認為，高層主管

們的想法根本就不切邊際，讓人摸不著頭緒。

　　我所做的研究裡，幾乎每一家公司都出現了這種明顯的對比，只有少數幾家例外。我以艾蒙企業的情況作為代表來解說。以某位曾經參與公司改革的高層主管的角度而言，公司所有的重整過程都十分有條理，而且非常合理：

> 　　我們事先徵詢過員工們的意見，然後才訂出所有的規範條例。同時，我們也設計了一套經營政策，加強對公司所有的員工、包括工廠裡的工人們的訓練，讓他們對公司如何解決問題有概念。業務部也提出了一套經營對策與任務報告用來作為評鑑業績狀況的標準。

　　然而，這些做法在中階主管的眼中，卻是十分瑣碎而且沒有意義：

> 　　他們只不過是跟著潮流走罷了，以前公司大約每隔一年或兩年才會有大幅的人事更動，但是現在似乎每個月都會發生一次。

　　總而言之，認為公司的改變十分合理的那些人，完全無法理解為什麼有人會持相反的意見，這就是那些無法成功的公司裡經常出現的通病：上層的人老是覺得自己已經很努力和其他人溝通協調，但是底下的人卻老是覺得公司裡缺乏溝通的管道與空間。事實上，兩方的意見都沒有錯，客觀來說，這些公司在溝通方面的確下了許多功夫：不論透過公司刊物、小組討論、錄影帶或演講等方式。但是這些活動所達成的效果卻十分有限，因為人們無法透過

它們來了解自己的處境。在第五章，我們將會更詳細地探究這些溝通管道之所以成效不彰的原因。

<u>老職員與外來者之爭</u>

在這些公司中，第二種造成分裂局面的原因就是「老職員」（insiders）與「外來者」（outsiders）之爭。在納得企業的案例中，我已經強調過這種紛爭所造成的影響力，而同樣的情形也都普遍存在於其他幾家公司。許多客觀事實都顯示，外來者必須經過一段艱難的過渡期，才可能獲取公司其他人的認同與信任。過去，我們常犯的錯誤就是，試圖改變新環境以符合自己的習慣，這麼說吧！當你到了一個問題叢生的公司擔任主管，並且僱用了一個優秀的人才來為你做事，自然而然地，你就會希望這個人才能為你解決公司中所有的問題；但是這其實行不通。

你可以用兩種方式為公司帶來新氣象，以改善公司的困境。第一，你必須徹底改變某個部屬，讓他不會輕易地受到其他員工的影響。不然就是讓一個新人大刀闊斧地進行改革，其它的員工都必須聽從他的指示，否則公司的秩序就會大亂。通常這樣的人才很難找，一般公司的做法大多是找來一個新人加入公司的陣容，然後公司就慢慢地把他給同化了。（利可公司）

另一種方式：

> 我可以告訴你這個公司裡的人都在想些什
> 麼。人們說：「嘿！公司替我們找來了一個新的
> 幫手！」他們的心裡會想：「這個人大概只會在
> 這兒待個兩三年，搞不好他會再跳槽到其它的公
> 司去。」（利可公司）

新進人員容易跳槽到別家公司的確是不爭的事實，而
原因往往是因為他們無法改變公司的環境，也無法融入公
司的圈子，因此產生挫折感。

通常主管們一方面強調維持和諧的工作環境之重要
性，一方面也十分重視新進人員的價值。或許是因為以前
沒有發生過這樣的問題，所以這個麻煩在納得企業顯得格
外嚴重。事實上，類似這樣左右為難的情況也經常對其它
幾家公司造成困擾，舉例來說，利可公司的主管談到任用
新職員的問題時曾說：「我不知道他是不是會跳槽，但
是至少他在公司裡作了很多事情，他比其他員工了解市場
的動態，而我們應該重視他的專業能力。」

同僚之間的敵意

人們對同僚懷有敵意的情況並不常見，我特別留意到
一件事：在裁員風波中，種族歧視與性別歧視的問題並不
嚴重，幾乎所有的公司都有特別針對少數團體或女性員工
而提出的保障方案。就整個社會情況來說，這些公司的政
策顯然會引起十分複雜、緊張的反應。在這些工作場所

中，一般受排擠的少數團體們當然會有滿腹的苦水，但是我卻很少聽到這些人因為自己遭到不平等待遇而抱怨，而且也幾乎沒有優勢團體曾抗議公司的做法不合理。

很多人抱怨裁員之後的薪資分配並不公平，令人驚訝的是，這些人並非因為種族或性別而遭到不平等待遇。或許有人會認為，那些提出申訴的人只是過於敏感，但是事實並不盡然如此。首先，擔任主管的少數團體人士與女性本身並沒有因此而遭到怨恨，他們可以滔滔不絕地說出自己平常在工作上所受到的壓力和排擠，但是並沒有人覺得是裁員風波使情況惡化，他們也不覺得自己必須為了避免受到波及而先武裝自己。

此外，如果有人抱持著這種想法，那麼還有許多問題更容易導致公司內部的分裂，但是這些情形都沒有發生。舉例來說，年輕員工和老員工之間的代溝就是其中一個可能造成問題的隱憂。另外，不同部門之間也很容易產生意見分歧而摩擦，但是我所訪談的企業當中，似乎並沒有出現這樣的問題。如果說同儕之間的不和是因為個人太以自我為中心而引起，那麼大家所預期的狀況應該不是如此：挑剔同儕的錯誤遠比批評上司容易，但是事實上，人們對上司的怨言反而比較多。

分崩離析的局面

研究當中最主要的難題是：為什麼公司內部鬥爭的情況並不多見？有時候在公司裡，人們會突然盲目地陷入激烈但是不明所以的競爭中，大家都怕別人會取代自己的職

位，在這種情況下，人們很快地就會互相敵視。歷史學家、社會學家及社會心理學家們研究過類似的情況後，做出了一致的結論，他們發現這樣的行為模式是典型的推卸責任及遷怒第三者。的確，在這種互相敵視的環境中，即使小小的挑釁舉動都很容易引起軒然大波。如果將一群人分組之後，要他們互相競爭，很快地，這些人就會開始對彼此產生不好的印象，通常要他們挑出對手的毛病是很容易的，但是要他們認清自己的過錯卻難上加難。大部份的情況下，人們不會將敵意投射在重要的人物身上，但是卻會把不滿的情緒轉移到同儕身上，並且希望能夠因此得到上司的認同。這種行為模式似乎已經在人類團體的互動中根深柢固了。

然而，在我們所看到的企業裁員行動中，卻出現了與這種行為模式完全相反的情況：當員工們感到憤怒不平時，他們針對的往往是公司裡的重要人物一高層主管，而不是自己的同儕。譬如，我們可以想像生產部門的員工可能會抱怨行銷部門的預算總是不會被刪減，而自己的部門努力替公司賺錢，在財務上卻老是捉襟見肘。但是，我從來沒有聽過這樣的抱怨。行銷部門的表現的確經常比其他部門優異：有好幾家公司的口號就是「我們要變成以行銷為主的公司」，而且行銷部門不但不必受到裁員風波的威脅，反而日益壯大。然而生產部門的主管卻從來不曾抱怨過這樣的轉變有什麼不公平之處，或曾帶給他們多大的困擾。

這種情況和歷史上那些引起種族歧視或民族優越感的情勢不同之處在於，公司在成立之初就是一個有凝聚力的

團體，個人則對公司有強烈的認同感。對任何一個公司而言，儘管部門間的衝突是局部性的，但是在互相依賴及同舟共濟的共識中，這些衝突往往並不重要，這種訴諸情感的團結力可以與遷怒、推諉責任的天性相抗衡，因而產生不可思議的結果。人們認為裁員行動帶來的第一波衝擊是一種精神分裂症，這種症狀使得人們不時指責主管們，期望更高層的上司能夠解決他們的困境，否則就是希望公司會因為改組政策遭受阻礙而回心轉意。

不過，這種矛盾的情結很快就令人無法忍受了。大部分的人開始產生另外一種心理機制：他們不再認同公司，轉而成為行事低調的個體。員工的這種反應和公司本身或上司對待他們的態度無關，即使已經抽離公司成為獨立的個體，員工們會希望公司能夠回復以往的管理風格，人們只不過不再試著對週遭的情勢做出立即反應或試圖挽救公司，轉而將注意力集中在做好自己的工作上。

「以前在公司裡，大家都像朋友一樣，現在卻不同了，同事之間都變得冷淡多了，因為大家都不知道接下來到底會發生什麼事情。」

「我們是可以找很多人商量，但是他們的眼光太狹隘，大家都自身難保，更別提要如何幫助別人了。我有自己的工作要做，而且只有我才能完成這件事情。」

在所有的研究對象中，納得企業是最重情感的公司，然而就算是在這家公司裡，我也可以強烈感受到緊張的情

勢，這樣的緊張情勢則是因爲高度的痛苦及想要一切從頭的渴望所產生的。在下一章，我們將會進一步探討這股力量如何隨著時間而平靜下來。

減緩裁員行動引發的衝擊：
「人際關係術」的缺失

　　我所研究的公司大多都遵循同一個模式進行改革，我將該模式稱做「人際關係術」。我的意思是，雖然企業都是因應突發的業務需求或生意上的危機而著手進行改革，但是在轉型的過程中，他們也希望能夠儘可能減低員工的不滿。因此，公司通常避免直接了當地開除員工，而是鼓勵員工提前退休、或在員工離職之後不再遞補新人，自然而然地縮減人員配置。一旦公司必須開除員工，人際關係部門就會依照詳盡的計畫重新安排人力資源的分配，減緩員工再教育及技術升級的壓力，通常，他們也會對被解僱的員工們表現公司的關懷之意。

　　做完這整個研究之後，我可以很肯定地說：在企業進行裁員的當兒，我可不希望自己是人際關係部門的主管，因爲在這個時候出任此職對任何一方顯然都沒有好處。如果像納得企業一樣，人際關係部門與裁員行動有十分密切的關係，那麼該部門的主管必定會成爲眾矢之的，遭到許多埋怨。但是如果像在利可企業裡，人際部門關係與裁員並沒有直接的關係，該部門的主管雖然不會成爲箭靶，卻會成爲員工們冷嘲熱諷的對象。

先不用提人際部門的主管們有多沮喪，令人驚訝的是，他們的努力對鼓舞其它員工竟然一點幫助也沒有，一味的示好並不能讓任何人更好過。

　　首要的問題在於，公司雖然避免正式開除員工，但是這種做法並無法減少員工受到背叛的感覺。在員工們的眼中，提前退休的制度就和裁員一樣糟糕，因為兩者都會帶來許多壓力。事實上，人們往往被告知：「你主動申請提前退休吧！否則過不了多久你就會被公司給開除。」可以這麼說：員工們感受到即將被辭退的壓力，所以乾脆先離職了。

　　即便公司不主動開除員工，促使人們申請提前退休的動機也足以打破公司與員工之間的「默契」，因為人們總是很快的就開始質疑公司到底能夠提供多少安全感。提前退休的現象象徵著中階主管們首度被視為公司的「流動資產」，在激烈的商場競爭中，他們是可以犧牲掉的籌碼。在利可企業裁員之前和之後，我都曾經針對該公司做過研究訪談，在前後對照之下，可以很明顯的發現到，一旦公司開始因為員工數量減少而縮小規模，公司內部就會出現許多蜚長流短，而且員工們也都會陷入人心惶惶的不安情緒中：

　　有一位主管就說道：

　　　「我確定公司因為人數減少而縮編了，但是到了明天，一切可能就會完全改觀。公司人員配置減少與裁員雖然是兩回事，但是兩者之間的差距並不大。」

很少人會贊許公司為了降低裁員造成的衝擊而制訂出的方案，反之，倒是不少人批評公司的這項做法。大家都覺得公司之所以這麼做，只不過是想快刀斬亂麻，儘快解決眼前的問題罷了。有趣的是，通用汽車公司總裁傑克威許（Jack Welch）一向以在公司中以無情的方式推動革新而聲名大噪，雖然如此，卻有許多人贊同他的做法。舉例來說，在納得企業的某次訪談中，一位即將遭到裁員厄運的主管就主動向我表示：「我知道公司花費很大的心力想讓這次的裁員行動圓滿結束，但是結果卻未能盡如人意，這都是因為他們的計畫總是朝令夕改。要是在傑克威許的公司裡，只要你表現得不是最好，那你就得捲鋪蓋走路，他的員工們都有這樣的心理準備。」利可企業公司的主管們，則針對公司提前三個月通知某人被裁員的「好意」，表達了自己的意見：

　　　　你能想像10位員工提前接到自己即將被裁員的通知，卻還得在公司裡待三個月的情形嗎？你知道他們可能會做出什麼傷害公司的事情嗎？我的意思是：在大部分的公司中，如果打算辭退某個員工，他們通常會速戰速決。現在，利可企業為了要表現出他們對員工的體恤，讓被裁員的人有充分的時間去找一份新工作，所以決定提前通知，讓員工有三個月的緩衝時間。在某方面來說，我十分肯定公司的用心良苦，但是就另一方面，對員工和公司來說而言，這種「好意」只會讓這三個月的時間變得更難熬。

這些意見似乎出自兩種不同的動機，第一種是單純的防禦反應：要是你打算傷害我，那就快點動手吧！一般而言，這樣的論調通常出自於那些渴望回到充滿安全感的傳統社群型態的員工。基本上，他們希望事情不會有變化，眼前的危機只不過是暫時的脫軌，很快就能遺忘：事實上，這些主管的意思是說，「趕快渡過最遭的狀況，好讓一切恢復原狀！」

這樣的反應雖然十分保守，但是並不自私。他們並不是一心只想著儘快擺脫自己不想見到的人，平心而論，這些人本身可以說就是公司裁員風波中的受害者，而他們所擁護的公司政策可能很快就會威脅到他們在公司的地位。事實上，在我進行訪談的過程中，一位研究對象就遭到了裁員的命運而正在另謀出路。然而，這位主管卻向我表示：「我曾經試過讓公司幫我安排新工作，但是一想到公司在這個幫員工介紹新職的計畫上花了這麼多錢，我實在感到很生氣。他們這麼做根本就是在浪費這些錢！」

這些一向對公司忠心耿耿的主管們，凡事總以公司的福利為第一優先，而不謀求自己的私利。或者，應該更精確地說，對他們而言，公司福祉與個人利益是息息相關、牢不可分的。如果縮編的做法真的可以有助於公司未來的發展，那麼他們願意忍受裁員行動所造成的痛苦。許多主管們都有相同的共識，那就是如果一定要讓大家都付出代價，那麼這麼做最好能真正對公司有所幫助。他們認為，最糟糕的事莫過於白白浪費了大家的犧牲付出。因此，公司在裁員時如果浪費了任何一個人力，或者只是毫無計畫

地隨便解僱員工，那麼對公司的狀況無疑是雪上加霜，使原本就因裁員而飽受委屈的員工們更加覺得不堪。

　　然而，另外有一群人的想法卻與這些主管們截然不同，他們也就是那些被標上「專業人士」頭銜的非死忠派人士。這些人並不喜歡坐以待斃、消極的等待事情結束後一切能夠雨過天青，他們希望能夠真正地顛覆過去的公司型態、開創全新的局面。另一位同樣來自納得企業的主管是這麼解讀傑克威許的管理之道的：

　　　　大家都會問傑克威許同樣的問題：「你難道不覺得你用來整頓公司的方式太無情了嗎？」而傑克的回答是：「說實在的，我的步調還應該更緊湊一點，我實在無法忍受那樣的工作環境與風氣。」

　　這位主管和前面那些忠心派主管不同之處在於，他十分支持公司的改革行動，他和其它的「專業人士」們都希望經過這些革新之後，公司裡主管和下屬之間的關係有新的發展，而不只是回復到舊有的互動模式。

　　儘管兩派人士各有不同的理念，但是他們都認為沒有必要減緩裁員風坡所造成的震撼。對於公司應該優先處理的當務之急，他們的意見是不同的，但是基本上，雙方都認為公司應該要審慎思考下一步的行動，並且做得十分完善，就這一點而言，這兩方人馬的意見都是出自對公司的忠誠，至少他們的出發點都是在為公司整體的展望設想。

結語：化解衝突

那些經歷過人事變革的公司所遭遇的主要難題或許在於，這樣的整頓並未引起公開的衝突，也沒有造成公司裡分崩離析的局面。包括記者及我所訪談過的那些高階主管們在內，大部分的人都認為，這種情況相當令人費解，他們並且堅決地相信，公司的改變將會導致急速的瓦解崩潰。然而，中階主管們並不能接受這樣的觀點。

在我的觀察訪問中，那些首度面臨裁員風波的公司，顯然遭遇了許多的痛苦，有些人甚至將這樣的痛苦轉變為憤怒的情緒，或者變得更為消極退縮。然而，大家畢竟把自己該做的事情完成了，只是類似公開表示敵意或自私自利等不滿的情緒，也在他們的工作態度中表露無遺。

一股強烈的影響力支配著人們所受到的傷害，及他們所做出的回應，這股力量就是「尋求意義的渴望」，更仔細地說，就是希望能為大家的努力找出值得付出的理由。無法為裁員行動找出合理意義的人，感受到最大的挫折感與迷惘，他們的想法往往自相矛盾，否則就是不斷地改變主意。有些人試圖找出負面的意義，認為公司的轉變都應該歸咎於高階主管們別有用心的企圖，或他們辦事不力的結果。在納得企業中，高階部門的主管全都是新進的空降部隊，與原來的企業特質並不相容，在這種情況之下，人們往往容易怪罪主管，因而造成更嚴重的分裂局面。

然而最常見的情況是，面臨公司縮編情況的人，經常會認為這麼做有益於公司未來的前途，因此，他們願意忍受公司裁員所帶來的傷害，這也就是許多人完全支持企業縮編與重整的理由。即使在納得企業裡，人們多多少少抱持著這樣的想法，因而對於公司所發生的變革十分有包容力。這麼做的結果常常使人們對於現實充耳不聞，只希望暫時的風暴能儘快過去，而且相信一時的犧牲能夠使公司的前景更值得期待。

4.

退縮以求自治

　　許多人對裁員風波感到憤恨不平，也身受其害並大受打擊，然而，並沒有人因此而背棄他們對公司的忠誠，人們以無比的耐心和忠心緩和了憤怒的情緒，但是隨著時間的流逝，這樣的情形又會有何種變化呢？

　　關於這個問題，最顯而易見的答案是：耐心與忠心往往能夠幫助人們獲得最後的勝利，使不安的情緒漸趨平靜。表面上看來，一切似乎都很美好，但美中不足的是，由於人們總是容易沉緬於過去，不願意面對已經隨時光移轉而變遷的現實環境，因此耐心與忠心這兩項美德到頭來往往容易成為人們的絆腳石。那些對公司忠心耿耿的人，終日只顧沉浸在自己心中的理想世界裡，對外界的改變視而不見，而企業為了維持員工們的忠誠，必須減緩裁員所

造成的震撼，並且儘可能降低所帶來的壓力。無論對員工或企業而言，雙方在公司的發展上都無法有好的作為。

當然，負責整頓公司的主管們並不希望看到這樣的結果。大部分的公司不但希望能夠藉著裁員的措施來減少公司的支出，也希望能夠重新營造出不一樣的工作風氣。負責人都希望公司能夠擺脫官僚體制的桎梏，並邁向更人性化、更容易讓人適應的新紀元。我所研究的每一家企業，至少都曾提出一個以上的方案，試圖在公司與員工之間取得共識，對公司的未來抱持共同的目標與展望，也希望能在這個前提下，各自尋求創新、突破的機會。

許多公司都以「開創精神」（entreprenership）作為表達方式，透過鉅細靡遺的計畫方案和不斷的溝通檢討，象徵公司所做的轉變；不過，也有一些公司反其道而行，認為應該提昇公司的地位。不論哪一種主張，所有的公司都不斷強調顧客的重要性。

同樣的，幾乎每一家企業都開始強調員工應盡的責任與應得的獎賞。有多家公司紛紛訂定依功論賞的準則。同時，這些企業也都倡導「專案小組」的工作方式，將員工分為幾個組別，各自完成指派的工作。這兩種措施也引發了職員之間緊張與衝突的局面。

然而，有一些企業則嘗試向最基本的主僱關係挑戰：就中階主管們所知，這些公司無所不用其極地維持工作的穩定，期求職員所造成的不安很快就能夠穩定下來。而我所訪談過的高層主管們，也都和中階主管的意見一致。如此說來，似乎每個人都希望等到裁員所造成的傷害平息之

後，企業內部的人事都能更精簡、公司不再需要制訂那麼多規則來約束員工，而員工仍然會秉持對公司的忠誠，樂於接受分組進行的工作模式。不過，就我手邊的資料看來，事實並無法如此盡如人意，相反地，員工忠誠越高的企業，員工似乎反而更喜歡明哲保身、不願有所變動。當我探訪利可、凱芮及格拉弗等幾家在三五年前曾經有過裁員風波的公司時，他們的主管都認爲，在裁員之後，公司裡的階級劃分更明顯，而且他們對自己工作內容所做的描述也證明了這種說法。這些企業的規模確實已經縮小了，而且也刪除了一些預算，但是員工們的工作風氣並沒有改變，一旦發生了任何事情，他們只會暫時地改變工作態度，但是等到事情結束之後，又會故態復萌，格拉弗企業所發生的狀況，可以做爲其中的一個代表。

格拉弗公司

同心協力、共渡危機

格拉弗公司就和納得企業一樣，在過去可說是壟斷主要市場的龍頭老大，然而現在他們卻遭逢來自國外頑強的競爭對手。過去十年來，格拉弗的產品市場佔有率急遽下滑，公司也面臨前所未有的危機，這個危機雖然尚不至於對公司存亡構成威脅，但是也足以讓格拉弗公司元氣大傷。

當我在1988年首次拜訪格拉弗公司時，他們已經飽受這個危機的威脅達四年之久，高層管理當局也為了因應這樣的處境，在管理政策上做了許多調整。首先，從1984年開始，已經有四分之一的員工自動離職或提早退休，公司並未遞補這些人的職缺；再者，在一次企業改組風潮中，許多產品製造公司被整合為較大的企業，專門負責系列商品的製造，格拉弗公司也是其中之一。格拉弗公司第三個重大的變革是薪資方面的調整，他們屢次修改薪資方案以制訂更優渥的獎賞制度、鼓勵員工有更好的表現。最近，由於產品在市場上的反應已有改善的趨勢，他們也開始計畫成立專案小組負責品管。

　　除了這三個較為顯著的重大改革外，其餘大多和大部分的公司所遭遇的情況類似。在各種管理幹部的養成訓練及管理會議中，「開創精神」引起廣大的討論，並且成為大家耳熟能詳的一個名詞。商場上不時傳來格拉弗公司與對手競爭的消息，而他們的表現也常成為大家談論的話題。該公司的總裁及高級幹部們秘密地進行了一星期的會商，討論公司未來的新政策，而他們在會議中所擬訂的計畫，也很快地透過公司的各項會議傳達給所有的員工。目前為止，這項計畫的執行情況並不樂觀。對所有的人而言，這個計畫就像是個不可能的任務，因為沒有一個部門能夠確保花費能夠完全控制在預算以內，畢竟資金的運用太過龐雜，而且對市場上各階層所需花費的行銷支出也不盡相同。不管如何，格拉弗公司的銷售成績依舊一路下滑，產品的品質也沒有得到更好的評價。

格拉弗公司中也出現和納得企業一模一樣的問題，員工們強烈地感受到過去的社群模式不復存在，在企業改組之後，過去一向被視為企業核心的生產部門也隨之消失：

　　　　「重整公司比我想像的困難多了，不同部門之間的隔閡實在很難消弭，我低估了忠誠的影響力，人們始終覺得那個可惡的生產部門取代了我們的地位。」

　　　　「合併不同產業的點子是很好，但是失去對自己公司的認同感卻十分傷人。現在，如果你說自己是在格拉弗公司做事，自己都會覺得很難堪。」

　　不過，雖然格拉弗公司的問題表面上看起來與納得企業的問題差不多，但是格拉弗公司裡卻不像納得企業那般充滿痛苦與不安，員工們或對過去念念不忘，但是他們也能接受公司縮編的需要：大家算是與環境妥協了。

　　幾乎每一個員工都同意：雖然公司的轉變帶來許多痛苦，但是卻是一個必經的過程，而且他們也肯定公司所做的決定─這一點就和納得企業截然不同。舉例來說，雖然有人抱怨：「現在如果你說自己是在格拉弗公司做事，都會覺得很難堪。」但是他們卻也緊接著說：「不過我們覺得應該這麼做，公司以前太不團結了，現在我們有了全新的共識，這是前所未有的。」另一位資深主管則說：「我們的目標是有建設性的，而公司也必然需要做些調整。我不確定現在所做的轉變是不是好事，不過大致

上來說，公司的出發點是對的。」

　　格拉弗公司大多數的員工都是忠心派人士，他們在公司工作了大半輩子，對這裡有強烈的認同感。他們強調這家公司的本質是「公正」和「關懷」；然而在格拉弗公司裡，這些忠心派的員工們很努力地調適自己的心態以配合公司的新變革，這種情況讓人十分人驚訝。這一點和納得企業的狀況完全不同，雖然格拉弗公司的員工們認為自己受到傷害，而且感到十分孤立無援，但他們能夠了解公司的確需要做些突破，才能夠有新的展望。對這些員工而言，他們的心情十分矛盾：

　　　　「現在公司比較重視一般業務方面的績效，較少著眼於專門技術的運用。公司希望藉著改組的方式，讓每一個員工都能獨當一面，尤其是較資深的員工。不過這種做法讓我們將工作重心大多放在顧客對產品的滿意度上，以前這並不是我們關心的重點。」

　　　　「十年前，公司中許多的部門並不會在工作上和產品上有所接觸，這些部門裡的員工們擁有良好的技術，但是他們的工作內容只針對某部分的零組件。就這方面來說，改組是有意義的，公司的確有所收穫。我們公司的重整工程十分浩大，需要一段時間才能夠完成，問題是，我們很難重新建構出以前在這裡的人際關係。公司的改組把這體制內所有的關係都破壞掉了。」

同時，這些人也十分努力地設法解決這個難題：

「說到工作任務的分配，將來一定會有更多的變化，因為我們必須將責任分散給底下的員工們。舉例來說，如果主管們只需要管好自己的工作，那麼總經理就可以開始訂定時間表、預測市場反應或安排各項計畫，而我們則能夠多做些經營方面的規劃。」

人們如此的態度也同樣反映在他們對新獎懲制度的看法上。雞城主管們對於依功論賞的新獎懲方式一度非常憤怒與排斥，但是職位在他們之上的中階主管們卻十分達觀，而他們的態度也說明了他們心中極其複雜的反應，沒有人對這個制度有好評：他們覺得高階主管們不應該在未事先說明的情況下，不由分說地強迫大家接受這個制度，而且他們認為新制度中有許多細節是行不通的。大多數的人也批評這個獎懲制度太著重員工個人的表現，他們覺得這與專案小組的工作方式會互相牴觸，再說，錢並不是萬能的。然而大多數的人也都覺得公司不宜貿然取消這個已經開始執行的新制度，他們總是認為或許這個制度也有優點，只是他們還沒發現。無論如何，維持既定的方向十分重要，即使大家必須因此而忍受一時的困擾，也不應該因為一時的反應不佳而打消全盤計畫。

以試圖改變風氣的觀點而言，納得企業所發生過的混亂情形似乎並沒有在格拉弗公司中出現。表面上看起來，這家公司給人相當正面的感覺，大多數的主管都有與公司「同舟共濟」的信念，儘管覺得公司的新變革對自己有不

利的影響，他們還願意努力地將它付諸執行。他們固守著對公司的忠誠以及對工作的奉獻，在主管階級的人力減少了五分之一以上的情況下，這或許是個很好的結果。

然而，事實上格拉弗公司還面臨了不少的麻煩，其中一個徵兆就是，中階主管與高階主管之間的關係，儘管中階主管們大體上支持公司整體，但是他們總是藉機嘲諷那些不知民間疾苦的上層主管們。中階主管認為，即使在高階主管的干擾之下，自己也應努力不懈地維持公司的運作。

這兩個階層的主管們，往往在公司的重大決策上意見不和，例如：格拉弗公司為了節省成本、提高員工的工作效率，決定將一些設計與工程方面的工作外包給別家廠商，中階主管覺得這個主意簡直笨到極點！這麼做不但會破壞產品的整體性，長期下來還會因為品質不佳與需要重新生產的問題而耗費更多時間與預算。

「上面的人做起事來總是非常理直氣壯，但是實際上他們的想法根本不可能付諸執行。就拿公司打算將工程外包給別人這件事來說吧！你現在有幾條路可以選擇：放手讓公司照他們的計畫進行，然後眼睜睜看著它失敗；或在明知道這麼做一點效率也沒有的情況下，也盡最大的能力幫公司完成這件事。公司這種做事的方式，只會把優秀的工程師往外推，而且在與外面的承包商交易時，一定會有不少的損失，這就是那些不了解真實世界的高級主管們最容易犯的錯誤。他們的

　新白領階級

出發點是好的，我們不應該做自己不在行的工作，但是他們採用的解決方法一點也不切實際。一旦有了權勢地位後，那些人的判斷力就不見了，要是我不能每天都做出正確的決定，那麼我的挫折感就會愈來愈重了。」

「中階主管們有足夠的動力可以不在乎發生什麼事，學著不在乎的確是很重要，我們也在學習在既定的制度下做事情。舉例來說，我們可以將一部份工程交給別家公司去做，但是主控權仍在我們公司手上，這樣我們才能掌握工作的進度。」

我們可以知道這些人的態度並非只是消極地抵抗，如同我所強調的，中階主管們很顯然慢慢在適應公司的新制度；他們並不是一心只想著要證明自己在公司中的地位，而是為了公司的未來仔細盤算，才會在基於公司的利益下對高層主管的決定提出反駁。更何況，事實證明了他們的顧慮是對的，當我在三年後再度拜訪格拉弗公司時，這個將部分工程外包的計畫已經終止了，就連當初提出這個提議的高階主管們，也承認那是個錯誤的決策。

當我觀察其它幾家公司時，格拉弗公司中所發生的這個衝突情況似乎成了最獨特的例子，它所代表的象徵是：高階主管們往往假設中階主管會反對他們的決策，因此會試圖強迫中階主管接受他們所做的每一個決定，而不是請大家一起研究討論出更完善的計畫，結果當員工之間出現

一片反對的聲浪時，高階主管自己反而成了罪魁禍首。

　　事實上，中階主管們認為自己在實務方面是專家，在他們之中，許多人直言不諱地說自己對管理方面並不精通，所以很樂意聽從高階主管的指示，但是如果高階主管們要干涉他們的實務工作，他們就得提出抗議，因為在這種情況下，他們覺得自己的專業領域受到了侵犯，上司們不但不信任他們的專業能力，而且也給他們太多的限制。

　　但是，中階主管們真的能夠了解公司需要的改變是什麼嗎？雖然他們的觀念並不一致，不過中階主管們都有一個共識，他們認為公司應該讓主管們擁有更多自主權。他們無法忍受高階主管們一天到晚干預他們的工作範圍，不過他們自己也在摸索，試圖釐清自己的工作權責。他們期許將來公司能夠淘汰過剩的人力資源及管理人員，使人事更為精簡，並且在明確訂定各職位的責任與義務之後，充分授權給每個主管，讓他們都能夠各司其職，在各自的工作崗位上全力以赴。

　　「我認為只要公司能堅持立場，確保各部門有充分的權力負責公司交付的工作，我們就能結合官僚體制和企業文化的優點，並收兩者互補之效。」

　　「由於中級管理階層的機能對公司來說毫無附加價值可言，因此我們試圖減少該階層的人力。我們最終的希望是，讓每個員工都能各司其職，對自己份內的工作能夠負全責。我必須對我

的工作成果負完全的責任，這和公司過去的作風大不相同。在美國的企業中，通常大家習慣與各單位共同分擔做錯事的風險，但是現在，我們就必須獨自承擔自己的工作成果了。這麼做讓大家在工作上更兢兢業業，不過也更有責任感了。」

由這些主管們的心聲，我們可以感覺到，他們十分渴望公司恢復以前的官僚管理作風，大家在互助合作的前提下，只需要承擔自己那一部份的責任。他們堅持自己的專業立場，不惜與高階主管的主張相抗衡，而且並不認為自己能與高層主管們合作共事。他們或忠於自己的公司，但是公司中原有的合作精神已經不復存在了。

互助合作的精神對於僵化的官僚體制而言，是非常重要的潤滑劑，它可以彌補其缺失，但是中階主管與高階主管之間卻不願意彼此配合，也難怪不到幾年的時間，格拉弗公司就陷入了分崩離析、一團混亂的局面，而終究欲振乏力。

三年後：逃避退縮

我在三年之後，再度至格拉弗公司訪查，當時距離第一次裁員風波已有七年之久。這一次我訪談的十四位主管當中，有七位曾在三年前接受過訪問，其它的七位則都是與我第一次接觸。

在進行訪談的那一段時間，該公司正在嚴格執行刪減預算的計畫。自 1984 年起，已有百分之三十的主管級職

員遭到撤換，而且這項人事減肥企劃還將持續兩年的時間。這項企劃主要的目標是，希望能鼓勵資深員工自行申請提前退休，並且在人員離職後不再遞補遺缺，以使人事更簡化。格拉弗公司也正急速轉型為以小組編制型態為主的企業：生產部門有更多權力可以掌控人力資源，而專案小組也成為普遍的工作方式，對於講究品管的部門而言更是如此。

格拉弗公司中有一位十分受到愛戴的新任總經理。大家都認為他十分有魄力，而且非常積極進取，對於改良產品品質有很大的企圖心。大部分的主管都十分欣賞這位總裁的作為，他們認為在他的帶領之下，公司的業績有明顯的進展，而且未來的前途也無可限量。當時的格拉弗公司，已經脫離裁員風波所造成的危機了。

唯一的問題在於，外界所看到的只不過是表面上的亮麗成績。過去幾年來，格拉弗公司的表現的確十分驚人，但是他們的產品在市場上的佔有率還是節節滑落，雖然公司已經盡量減少不必要的預算開銷，但是財務狀況仍然十分吃緊，幾乎所有的經費都被主產品虧損光了，只能靠一些表現還不錯的周邊產品勉強維持下去，而這也就是格拉弗公司仍然勉強得以在業界占一席之地的主要原因。然而，事實上格拉弗公司只能算是慘澹經營罷了。

很顯然地，中階主管對公司營運狀況的認知與實際情況有很大的出入。那麼，該如何解釋此種認知上的差異呢？或許中階主管們能夠看出一些統計數字所蘊涵的絃外之音，譬如說，他們相信公司的體質基本上優於其他競爭

對手，而且總有一天他們可以在市場上拔得頭籌。不過，如果他們真的有這樣的想法，那麼他們在訪談過程中所表現的掩飾功夫做得實在太好了！我向許多主管提出相同的問題：「你們的產品品質和別家比起來有什麼不同？別家公司是否也和你們一樣花了很多功夫在產品品質的改善上呢？」然而，沒有一個人能提出令人滿意的答覆。看來，他們以前的確沒有考慮過這方面的問題。很顯然的，這個公司裡的每一個主管，幾乎都只顧著和自己過去的成績做比較，他們的成就感完全來自於自我的超越和進步，卻從來沒有和同性質的競爭對手比較過。

不過在這些主管們當中有一個例外，這位主管已經在格拉弗公司忠任職二十年之久，在我和她談話的過程中，她對產品品質的改良顯得頗為自豪：

改良品質的工作是沒有盡頭的，公司目前的成績還落後我們的競爭對手一大截，因此我們不能因為突破了過去的瓶頸而沾沾自喜、稍有鬆懈。產品的品質是公司在市場上占一席之地的基礎，如果我們製造不出高品質的產品，根本無法在業界生存下去，但是，光是有品質優良的產品還無法提高市場佔有率。

這一位主管是唯一會將自己的管理模式與其他公司做比較。「我知道在這公司裡，大家都認為我是一流的人才，不過我更希望能確定他們沒有看錯人。」

我始終認為格拉弗公司的主管們相當欠缺危機意識，他們對外界的變化簡直是置身事外，而這位主管則對此提

出了解釋：

儘管公司能夠從各種管道了解市場的動態和
公司本身的營運狀況，但是對員工來說，他們認
為這些事情事不關己，也因此失去了危機意識。
舉例來說，這棟建築物理有許多大型盆栽，格拉
弗公司花錢僱用某個公司，請他們負責照顧這些
植物，但是在我們財務狀況吃緊的情況下，怎麼
可以把錢花在這些對公司營運毫無幫助的事情上
呢？或許有人會說在公司裡擺放一些植物可以改
善這裡的工作環境、提高我們的生活品質，然
而，如果以後公司經營不下去了，我們又何來生
活品質可言呢？可惜的是，公司並沒有利用這個
機會來建立同仁們的危機意識，以及讓大家了解
為了維持公司的營運，我們不得不採取一些非常
的手段。

除此之外，格拉弗公司的另外一個特徵就是，對忠誠
的高度推崇。與三年前比起來，現在公司裡的員工更加確
信忠誠的價值。我曾經提出一個問題：「你認為自己是
個忠心的員工嗎？」大部分的員工幾乎同聲回答：「是
的。」時間的考驗，似乎讓這些主管們更堅定效忠公司
的信念，也使他們更加感嘆現今社會對忠誠的漠視。以下
是我和其中一位主管的對話：

當我進入這家公司時，我就打算把這份工作
當作終身的職業，現在的年輕人往往先在一家公

司待個幾年，把想學的東西學到以後，就跳槽到別的地方去。我看這種觀念都是他們在學校裡學來的，我孩子就告訴我說，他的老師都是這麼教他們的。年輕人不斷地跳槽，希望能夠利用在不同公司裡學到的經驗賺大錢，這種風氣在近十年來似乎特別普遍。

你的意思是說，忠誠不受重視的原因並不是公司的錯，而是整個社會風氣造成的？

沒錯！別誤會我的意思，我並不是在責怪公司，只不過現在的年輕人似乎滿腦子都在做著一夜致富的美夢。

這段對話引述自我與四位主管所做的訪談，藉由這段談話，我們可以再深入探討在這些主管的心中，忠誠的崩潰與當下的社會情況有什麼關連。

在這段對話之前，我和四位主管正談到八年前被裁撤的一個生產部門。記得在我上一次拜訪格拉弗公司時，包括三位現在和我訪談的主管在內，大部分的人都對這個部門被裁掉感到十分難過。然而他們也認為，對公司來說，這樣的整頓的確是必須的。而三年後的現在，當我向這些主管提及當時所做的訪談時，他們卻有不一樣的看法，讓我大吃一驚的是，他們不但對公司過去的組織型態念念不忘，甚至開始質疑三年前公司改組的必要性。對他們來說，失去認同感的那種傷痛並沒有隨著時間而減緩：

我們還在試著找回過去的自己，我們可以回到從前的工作型態，但是這麼一來就抹煞了我們現在的工作成果。

這些員工甚至認為，公司根本就沒有必要重新整頓。其中一位主管是這麼說的：

我想前任總經理根本就是在製造問題，在以前的那種公司組織當中，他的價值無法彰顯出來，所以他一定認為：「可惡！我得想辦法做點事情才行，我要讓大家刮目相看！」沒錯！他是做到了，而我們到現在還在為他所做的事情付出代價。

這種心態與實際情形的差距似乎更大了：這個公司已經面臨了嚴重的危機，而他的主管們卻還認為所謂的危機只不過他們的上級虛構出來的。這絕對不是因為他們無知，事實上，這些主管們非常清楚公司裡的問題都是經年累月累積下來的；他們知道公司這些年來虧損了多少錢，也知道公司在兩年前曾經提出一個方案，設法讓公司轉虧為盈，但是這兩年提出的企劃卻讓公司業績再度跌到谷底。

談到格拉弗公司的中階主管對三年前的改組由期待轉變而為失望的原因，其實與過去在他們的心中那種認同於公司、覺得工作有意義，而且非常有安全感的感覺有關。

從一開始，格拉弗公司改組的重心就是在整頓內部的管理部門。在整個訪談過程中，大部分的主管也都對改組

之後的管理結構提出許多批評。在現行的組織結構下，人們必須同時對兩個以上的部門負責，大家對這種模稜兩可的情況諸多埋怨。他們承認，雖然這樣的方式的確可以集思廣益，但是卻也容易造成部門之間爭權奪利的局面。於是在這種情況下，他們也更希望公司裡能出現更多有領導能力的人才：

> 我想，大家都想要得到指引，這是天經地義的，我們都希望有人告訴我們該達成何種目標、以及該怎麼做才能成功，接著我們就可以按圖索驥地去完成，而不是在做任何事情之前都得先跟一大堆人商量對策。人們不是這樣過日子的，我的父母要我做事之前，都不需要跟我商量，而我也是這樣對我的孩子的，這就是傳統的社會生活型態，總得有人先起頭告訴大家該做什麼，然後事情就可以做好了啊。

這些主管也強調另外一個重點：大家都希望能夠有充分的權力去做自己份內的工作。有位主管就說道：「當你有足夠的力量完成自己的工作時，就不需要在繁文縟節上處處工於心計，你可以掌握自己的工作進度」。這個想法顯然是與希望能有個強勢領導者的心態不謀而和，最理想的狀況就是，能有個強而有力的上司在交給部屬一個任務之後，就不再插手太細節的小事。

然而，這種希望能得到自主權的觀念，與人們對傳統社群型態的眷戀之情顯然有矛盾之處。造成人們對過去念念不忘的原因，並非個人的孤立，而是人與人之間的互助

合作，也就是說，人們之所以懷念過去的時光，並不是因為以前在公司中比較重視個人特質，而是因為以前的人比較願意適時地對別人伸出援手。

「從 1984 年的大變動之後，這裡的同事們在工作上的合作關係就被破壞殆盡了。公司裡總會有新進的員工，隨著時間過去，彼此之間的信任感也就慢慢建立起來了，而公司改組之後，最大的缺點就是，這種互信的工作關係被破壞了。你知道，以前我的上司對員工們的辦事能力總是非常放心，他常常會説『你們好好開會，我現在沒空過去。』而且我和同事之間，早就建立起絕佳的默契；但是這樣的關係現在已經不復存在了。」

「我們年輕時就在公司裡培養了非常緊密的互動關係，但是現在同事之間就沒有那種深厚的情誼了。」

如今在工作上覺得比較單打獨鬥嗎？

「是啊！當你必須因為錯誤的決定而必須不斷責備自己時，就會產生那種『我們是一體的，但是我感到孤立無援』的感覺。」

高層主管的觀點

在第二次造訪格拉弗公司之後，我與公司中的所有高層主管見面，包括了區域主管及他的幹部們，並且與他們一起探討我的研究報告。這一批主管們在之前已經花了許多時間專注在研商公司的重整計畫，因此對於公司目前的現狀還有一點無法進入狀況。

我的研究報告中對於中階主管們做了一些評論，我發現他們並不了解公司的營運狀況，而且對公司的未來充滿了希望和憧憬。所有的高階主管們看了我的報告之後，對這些發現一度感到非常懷疑，他們強調自己已經很努力地與中階主管們溝通過現在公司所面臨的困境。事實上，這種情形是很常見的，高階主管們總是認為，他們已經儘可能地做好溝通協調的工作：當我和許多公司負責人（這些公司並不在我的研究之列）談到中階主管普遍缺乏對公司的了解時，他們認為，我不應該以那些不成功的公司作為研究的對象，接著，他們會對我提及他們公司所實施的訓練課程。但是我所研究的那些公司，則十分認同我的發現，而且也都加強了溝通宣導的工作。

格拉弗公司的高階主管們在幾經思量之後，一致認為問題並不是出在高層主管與中階主管之間缺乏溝通。我所訪問的中階主管們都認為，公司內部之所以不時召集簡報會議，完全是經營策略的一部份。的確，在過去，中階職員是不可能知道那麼多關於公司的獲利能力、市場佔有率及生意競爭方面的訊息。高階主管們深知，讓中階主管知悉公司營運狀況的重要性。有一位主管就指出：「說到

公司的經營政策，中階主管所了解的並不比我們少，我們費了許多功夫試圖讓他們對公司的營運具有概念，如果員工們還對這些事情一無所知，那麼我們真的應該好好檢討我們的溝通方式，看看到底是哪裡出了問題。」事實上，格拉弗公司的獎勵制度也突顯了公司營運狀況不佳的事實：一位人事部門主管就指出中階主管們的薪資預算在一、二年前就已經因為先前所核發的額外獎金而刪減了百分之五十。

在主管們參考過所有的例證與自己的親身經驗之後，他們逐漸信服於我在研究報告中所提出的一些看法。其中一位主管說道，「我同意你所說的，但是我不懂為什麼會是這個樣子？」另一位主管則認為問題不完全出在「溝通」上：

　　我不確定公司裡的溝通管道是否真的有問題，不過我想談談公司裡的高級幹部們去年秋天召開的那一次會議。當時，總裁對大家說：「順便告訴大家一個壞消息，今年公司不打算分配紅利。」聽到這個消息，大家都吃了一驚。而與會的那些主管們，正是應該對公司財務狀況瞭若指掌的人。我敢說，至少有一半的人對總裁宣佈的消息大感震驚。後來我們在私下討論時，就連那些平常就對公司狀況非常清楚的人，也無法理解公司為什麼會發不出紅利，這並不是因為他們笨到無法了解這個狀況，而是因為他們難以接受這個事實。人們不願意面對不愉快的事情，總是想

盡辦法逃避，這是人之常情。除此之外，我想不
出有什麼更好的理由可以解釋這樣的反應。

當他們爲了這個「無法理解」的問題大傷腦筋時，
也逐漸將重點集中在兩個問題上。第一個問題是，過去高
階主管們往往因爲害怕讓中階主管們對現況沮喪，所以只
把自己所遭遇的困難輕描淡寫地轉達給中階主管們。某位
高階主管也同意，他在屬下面前一向的習慣是「報喜不
報憂」。另外一位主管則提出了這樣的疑問：

> 如果把公司所有的問題一五一十地告訴部屬
> 們，他們還會有工作士氣嗎？一旦他們知道公司
> 現在的處境，怎麼可能不感到沮喪呢？

經過再三思考之後，這些高階主管們認爲，自己該做
的或許是對所有的員工坦承公司所面臨的困境，而不是把
大家蒙在鼓裡。說到公司縮編所帶來的壓力，某位高階主
管說：「幾年前，我們只會想盡辦法隱瞞公司發生的問
題，而現在我們了解對員工坦白的重要性。如果我們一開
始就開誠佈公，那麼現在的麻煩或許就會少多了。現在回
想起來，要是當初我們就把所有的事情都告訴部屬們，根
本就不會有現在的困擾了。」

高階主管們所體認到的第二點是：雖然他們不斷地大
力宣導公司的經營策略，但是他們卻忽略了應該要讓員工
們對公司的事務有參與感，結果中階主管們根本不知道自
己應該做些什麼事情才能對公司有幫助。對中階主管們來
說，這些經營策略還不如他們每天面對的例行工作有意

義。

　　他們聽到公司所擬訂的各種經營策略之後，一方面
覺得自己使不上力，另一方面也無法全盤接受各種
改變，所以他們心中的想法往往是：「眞是糟
糕！公司現在在賠錢，我又幫不上忙，我看我還是
做好自己份內的工作就算了吧！」我敢打賭，他
們一定還不知道自己的部門正處於虧損的狀態，而
且還把希望完全寄託在高階主管身上，期盼他們能
改善公司目前的狀況—他們相信只要主管們想出一
些對策、提升產品的品質，那麼公司就有救了…我
聽過有人這麼說：「我只要做好品管的工作，再
按照主管們針對這個部門所設計的經營策略去做，
一切就會慢慢好起來。」

　　我們曾經成功地將顧客對品質的要求，當作是我們必
須達成的目標，但是卻還無法將「公司因爲我們所生產
的產品而虧損」這個想法當作自己對公司的責任，因
此，當公司出現財務危機，譬如當我的薪水縮水了時，我
並不會聯想到自己也應該負一部份責任。

　　這可以說是一次檢討會議，這些主管們對於他們在公
司中所做過的事情有諸多的討論，而這次訪談所得到的結
論，就和我在納得企業這個案例中所強調的一樣：如果人
們無法理解公司裡的變化，那麼他們只會置身事外、盡可
能不加以理會，只專注在他們所能掌控的事情上。

官僚體制之復興

　　除了格拉弗公司這個例子以外，另外還有一種長期而且穩定的型態，在格拉弗公司、利可公司及其他一些我只去過一次的公司裡都表現得十分顯著。這種型態是由以下幾個要素構成的：

⊙ 只管自己份內的工作職責，甚至有逃避現實的傾向。

⊙ 強烈的忠誠。

⊙ 渴求自主權及明確、有魄力的領導人：抗拒以合作為出發點的管理模式，並且對過去的社群型態無法忘懷。

　　在這一種型態之下的，是一股隨時間而逐漸開展的動力，不斷地阻礙公司的改變。剛開始時，公司是由一群互助互信的人所組成的共同體，但是當這樣的組織發展受到潮流趨勢的挑戰時，人們開始退縮而成為各自獨立的個體，只做自己份內的工作。分散權力的概念在這種改變模式裡，佔了極大的因素，而它也加速了公司這個共同體的分裂，最後的結果則是造就了更階級分明的體制。在這種以官僚結構為主的體制中盛行的，是各司其職與保守的作風，人們拘泥於階級意識而無法靈活地發揮自己的才幹。

　　我所訪問的那些主管們，並未對我提及公司裡是否有這樣的轉變，但是他們卻談到了讓我驚訝的一點：即使他

們的公司已經經過縮編，管理模式也轉型為以聯合作業型態為主，最近幾年來官僚體制卻有日漸盛行的趨勢。包括格拉弗、凱芮、利可及JVC等公司在內，大部分企業都認為官僚體制已經成為企業管理的主流。有些人覺得現在在工作上比較有孤軍奮鬥的感覺，而且他們也認為在公事往來上，多了許多過去所沒有的繁文縟節。由於大多數的人都有相同的反應，或許我們應該仔細地探究造成這種轉變的原因。

不復存在的精神：發酵中的信任感效應

從中階主管的角度而言，「舊秩序」並不官僚，更明確地說，那時候的官僚作風並不那麼令人厭惡。過去在公司裡，雖然也是階級結構分明、人人各司其職，頗有官僚體制的模式，但是人與人之間還強調互助合作、共同為一致的目標而努力。

從許多描述中，不難發現在公司管理模式改變之前，人們的生活型態與現在有明顯的不同之處。雖然人們難免會美化過去所發生過的事，但是透過他們口中的故事，我們或可了解在公司重整的過程中究竟發生了什麼事情。

在第二章，我舉了一些例子說明以前的員工如何分工合作。雖然企業的管理結構十分強調上司與下屬之間絕對的階級觀念，但是從研究及許多主管們的說法當中可以發現，人們還比較仰賴同儕之間的互助以完成任務。這種人際互動模式，可以稱為主管們的「人脈」，主管們必須

維持良好的人脈關係才能有效地完成工作。

在正規的階級制度與私底下的人脈運作之間，總是存在著一定程度的緊張情勢。一般來說，人們應該對自己職責範圍內的工作負責、並且有義務達成一定的目標，然而，為了達到這個目的，人們偶爾也需要別人的協助，也就是必須藉助體制外的力量來完成自己份內的工作，於是，人們往往會在私下達成協議。有些協議是直接了當的：這次你幫我這個忙，下次你有需要時，我一定義不容辭；然而，通常人們都是憑著一股默契而願意對別人伸出援手：現在我給你方便，我相信以後你也不會虧待我才是！

很顯然地，這樣的協議並不見得每次都能奏效。在公司裡，上司雖然給予員工們充分的空間去完成自己的工作，但是人們還必須在上司給予的指示下按照規矩做事，而上司命令所不及的部份就必須以條件互換的方式向別人求助了。在某些企業中，員工們彼此之間的互動關係似乎因為官僚體制的緣故而顯得較薄弱。在格拉弗及凱芮這兩家公司中，這樣的情形特別嚴重。在某些情況下，中階主管們會合力完成工作，而不在乎高層主管的命令，但是這樣的工作方式通常無法達到成功的目的，因為人們往往會互相嫉妒，或暗地裡中傷別人，導致彼此不能夠團結一致，這也就是第二章曾經提到「派系之爭」所造成的負面影響。

不過，在我所研究的幾家企業中，中階主管的人脈運作至少還曾經發揮過功效。這種運用私人關係而達成目的

的工作模式，只是企業管理工作中的一個環節，而信任感則佔了舉足輕重的地位。這也就是那些在格拉弗公司重組的過程中，被裁撤的部門之所以表現不佳的原因：在公司裡大家彼此熟識，人人都自信只要憑著與別人私下的交情，就可以達成自己的工作目標、並且受到公司的器重。

這種人脈關係的存在意味著，這些公司並非完全採行嚴格的官僚體制，也就是說，公司的管理制度並不會將員工侷限在自己的工作範圍內，而對大環境的發展不予理會。只要能夠達到工作目標，人們可以跨越正規的體制界限、藉助外界的力量來幫自己完成目的。

在這樣的體制結構下，主管們扮演的不只是他們在階級制度中所屬的角色：他們不只負責在上層主管及職員之間傳遞訊息與命令，也不只負責特定的工作範圍。對中階主管們來說，他們在公司中的地位有兩個意義：首先，他們通常是小團體當中的領導人，也是員工們的後盾，必須為他們提供工作方面的輔導及發展機會，同時也必須負責協調員工們的工作內容。這些主管們也都認為，自己扮演的是領導者的角色，而不是管理者。自然而然地，他們常常提到如何「訓練」他們的下屬。舉例來說，艾蒙企業的一位主管就說：

> 跟高層主管比較起來，基層員工的管理工作更強調以「人」為中心，以長期的成效而言，基層員工比較能夠接受良好的訓練。

總而言之，上司對下屬的直接管理模式，看起來似乎是較好的管理模式。舉例而言，當我問到如果上級的指示

  新白領階級

出現歧見時，員工們如何自處？大部分的主管都認爲，員工們可以直接向他們提出反應。同時，他們自己也可以毫無顧忌的向高層主管提出質疑。然而，這種單純的上司對下屬關係並不能長久地維持下去。在管理者之上的組織顯得十分拘泥於形式，而且過於僵化，但是在小團體之中，上級與下屬之間的相處模式較不受階級意識的侷限。

再者，中階主管們也是工作協調者，他們必須擅用公司中所有的人力與物力去履行高層主管們的經營策略。舉例來說，公司中常常可見從其他部門借調人手的慣例。爲了解決一時人手不足的窘境，主管們最常使用的解決方式就是，暫時自其它部門調來援手，以解決當務之急。這麼做是因爲主管們不需要只爲了一件工作就必須正式遞公文，要求上級爲該部門應徵新進人員，也因此可以省略掉一大堆申請作業上的繁文縟節。主管們通常也很樂意將員工借給其他部門充當援手，因爲他們知道將來別的主管也會給予他們同樣的協助。

這種互助合作的方式，或多或少爲官僚體制之所以能夠延續下來，提供了合理的解釋。「分工合作」是非常創新的管理概念，這個概念的理論基礎是：主管們往往受限於他們的職銜而無法彼此配合，事實上，的確有些障礙使得主管們不能互助合作，但是這並不代表過去並沒有出現分工合作的情形。近來一些企業盛行「反官僚體制」，刻意減少公司中的規範，並且注重員工之間的團結合作。然而這只不過是將傳統管理模式中最好的一面具體化罷了。

不過，中階主管們也希望能有穩定的工作環境，而且他們對公司還十分忠心，所以才願意相互配合。對人們而言，穩定的工作環境非常重要，只有在安穩的環境中才能期望自己對別人的幫助能夠獲得回報；而唯有忠誠，才能確保他們所在乎的是整體的利益，不是一己之利。善於詭計、喜歡出鋒頭的人，很快就會成為團體中不受歡迎的人物，而受到其他人的排擠，同時，這些人往往很難挽救這種瀕臨破碎的人際關係。傳統體制的這兩個特質，造就了更客觀的信賴關係，它們能使私下協議的工作模式變得更有建設性。

　　現在，我必須談到這種特質的侷限性。許多主管都認為，傳統的社群意識有一定的限制。社群意識的缺點就是，它將人們分成「自己人」（in-groups）與「外人」（out-groups）兩種，在體制內的人彼此互相信賴，而且願意為共同的目標互助合作。自己人與外人是可以基於合理的觀點而加以區別的，譬如說，這麼做可以將過度自我本位的人排拒在體制之外；但是人們區分自己人與外人的基礎往往並不合理，舉例來說，種族與性別就常被作為劃分界線的基準。在格拉弗公司裡，唯一對傳統生產部門的工作型態毫無眷戀之情的，就是一位女性主管。請注意，她談到過去時常用到的辭語：「那是一個思想範圍非常狹隘的男性社會！」在我的訪談對象中，大部分的女性及少數團體人士對於公司的過去並不懷念，對這些人來說，他們反而認為轉型後的公司裡有更多表現的機會。他們在過去始終是屬於受到多數人排擠的「外人」，因此

　新白領階級

他們現在會有這樣的反應，應該不難理解。

　　然而，即使是主流派中的主管，也經常談到傳統管理型態的缺失。他們認為公司裡的「爾虞我詐」，會阻礙人們團結合作的意願。其中最明顯的問題就是，基層單位的員工過於強調對自己所屬團體的忠誠，導致公司在溝通上變得窒礙難行。格拉弗公司過去的生產部門，就是因為如此而無法充分合作，這就是該部門解散的原因，而大部分主管們也都因此而勉為其難的承認這個部門的確有裁撤的必要。同樣的，執行單位也經常彼此勾心鬥角，使得有些人藉機在團體當中樹立自己的勢力範圍，破壞了公司裡的團隊精神。從這幾點可以看出互助合作型態狹隘的一面，而這個缺失往往會妨礙公司整體的團結性。

　　最後，階級制度可說是分工合作型態最大的絆腳石，除了直屬長官以外，沒有人會覺得自己和高階主管之間有團隊的默契，我所提到過的幾種合作型態都只出現在同儕之間。

　　簡而言之，所謂「舊秩序」指的就是傳統的社群型態：員工們彼此之間有相同的特質、能維持穩定的互動關係，公司中階級分明，而且是以人際關係為基礎發展而成。一旦互助合作的型態凌駕了社群的界限，而以專業技術與能力為主要訴求，很快地就會變質為體制內外相抗衡的局面。但是在體制之內的人們，仍然能夠以互助、互信為基礎而維持整個工作模式的運作。

員工對自主權的渴求與公司組織的僵化

對那些遭遇危機的企業而言，公司結構轉變造成的最大影響就是，分工合作的型態遭到破壞、現存的體制被迫解體、及傳統社群結構不復存在。在格拉弗公司與納得企業中都曾經有類似的情況：

「公司改組破壞了員工們彼此之間互助合作的關係，不論哪一個階層的員工都無可倖免。」（格拉弗）

「現在在公司裡，部門與部門之間缺乏整體性，每個部門只顧各自為政。我們以前那種不分彼此、齊心一致的工作士氣已經消失了。」（納得）

此外，在其他大部分的公司裡，也有類似的困擾：

「我們現在可以說是群龍無首，沒有人可以從旁協助我們，沒有人可以給我們忠告，也沒有人可以替我們解決問題、化解歧見。」（費克斯）

「基本上，這裡的人都是各做各的。」（馬克斯）

「我們完全處於孤立無援的狀態，壓力真的很大！」（皇冠）

在納得企業中，這種各自為政的情況，似乎是對裁員風波的一種抗議，因為裁員行動為員工們帶來了迷惑與恐懼。自從公司縮編之後，再也沒有人知道自己能對公司寄予何種期望，但是對於包括格拉弗在內的幾家公司來說，這種態度顯然已經成為員工們遭逢變化之後的一貫反應。

在格拉弗及其他公司裡，權謀之術逐漸式微的情形幾乎已經成為常態，因為公司體制的轉變基本上已經削弱了人們對公司的期望。在人事變動頻繁、忠誠不再的企業中，傳統社群是無法維持下去的，許多人試圖恢復過去的人群互動模式，但是他們也都同意，即使回到過去的舊秩序，人際關係的運作也不可能再有公司改組之前的成效了。

這個問題造成兩個後果：人際關係逐漸形式化、權術運作不再盛行。導致這兩種情況的原動力是：傳統企業型態充其量只能結合公司中可靠的正規體制及非正規的合作模式，後者能夠發揮輔助的功能，以彌補前者過於僵化的缺失，使正規體制也能因時制宜、符合市場行銷的運作模式。正如我強調的，所謂非正式的合作模式，就是在體制外的管理方式，人們經常將之形容為存在於正規體制之內、一種善意而且有其必要性的謊言。然而，這種合作模式畢竟基於維護公司整體的穩定與忠誠，而其存在也具有正面的意義。

當企業界的管理模式再度出現問題時，可能引起的反應有二：那些仍然忠於公司卻無法彼此互助合作的員工們，如今被迫向現實環境低頭，只能將全部的精力投注在

自己的工作崗位上。由於人與人之間的信任感降低，這些員工們只能依賴正規的階級制度與規定，來維繫自己與別人之間的互動關係；同時，原本就不尊崇忠誠的人，如今可能不惜以公司的前途為代價，試圖藉機提升自己在職場上的地位。因此，建立個人勢力與為自己牟利的情況，就可能有逐漸增加的趨勢。

> 在基層管理階級中，工作競爭激烈之程度是令人難以想像的，而且我覺得這種情況如果再持續下去，真的會使人們逐漸對於不健全的競爭環境麻木不仁，甚至會因此而互相傷害。公司裡的人，不但不願意與同事們分享自己知道的消息，反而想辦法阻斷別人獲得資訊的管道。坦白說，我也做過那種事，我不喜歡當時的自己，但是今後我願意與大家分享我所知道的任何消息，也願意為公司付出、願意開放我自己。我會不斷地貢獻一己之力，但是如果我沒有得到相對的回報，那我就不願意繼續無條件付出了。（利可公司）

如同我所說的，絕大多數的公司都習慣把責任移交給下屬們，大家可能覺得員工們會樂於接受上級指派的任務，畢竟這麼做可以讓他們有更多的自主權，但是大部分的中階主管們並不這麼認為，他們覺得，地方分權的管理方式只會進一步破壞公司裡的團結力量。某位來自納得企業的中階主管就說：

當公司裡的權力多半集中在主管身上時，員
工們彼此相處的感覺比較像個融洽的大家庭，也
有較多的社交活動。我個人的確因為地方分權制
度而獲益頗多，但是它卻破壞了同事們彼此之間
的親密感。分工合作的精神已經愈來愈低落了，
這都是因為公司採行地方分權的關係。

　導致人們尋求自主權的最後一個因素就是，主管與下
屬之間愈來愈深的疏離感。在企業裁員之後，由於公司裡
員工人數減少，主管們所能控制的層面也就相對擴大許
多；更重要的原因或許可以說是，因為企業界愈來愈強調
顧客滿意度及產品的品質管制，因此，主管們走出辦公
室、接觸外界的機會也增加許多。總而言之，中階主管們
出現在公司裡的機率大大減少了。由於中階主管幾乎可說
是公司中唯一與高層接觸的人，因此，一旦他們留在公司
的機會愈少，上司與下屬之間的隔閡就會愈大。

　　過去，我每星期都會和我的主管一邊吃午
餐、一邊談公事，現在他的職權範圍變大了，我
們之間那種不拘小節的相處機會也少多了。我不
能再像以前那樣輕鬆自在地和他說話，也不能在
他的面前出口成「髒」，現在我們得正襟危坐地
一起商討公事。

　這種種的變化，都驅使人們不再醉心於公司裡的團體
生活：
　這個公司的管理制度可能會逐漸走向官僚化，高層主
管對我們這些屬下的要求愈來愈多，公司裡的大權的確被

分散到各主管的手裡，但是也多了許多繁文縟節的規定。以前公司最注重各部門之間是否能夠分工合作、共同完成使命；現在，如果可以的話，我們會想辦法讓自己的部門賺更多錢，甚至不惜犧牲其它部門的權益。現在，大家比較不關心什麼才是對JVC公司最好的做法，所有大大小小的公事都必須由高層人員去解決，以前，同樣的工作都是由基層員工負責的。

結語

如果說裁員風波造成的衝擊，導致我們在上一章所說的困惑與矛盾，那麼時間則為企業帶來更多的凝聚力。起初，人們或多或少願意接受環境所造成的挑戰，然而到了最後，人們終究會退回到自己熟悉的保護殼裡，將自己與外界隔離起來。原先對維護傳統社群的渴望，也因為害怕與自我保護的心態而逐漸消失，但是始終不變的則是，人們對自主權的渴求。至於那種與同事們彼此一體的感覺則愈趨抽象，成為過去在記憶中留下的快樂時光。

十分諷刺的是，在人們開始產生自求多福的心態之後，公司以合作型態為名所做的轉變及反官僚體制，卻因企業內日漸高漲的官僚作風和內部鬥爭而告終結。說到地方分權，往往令人聯想到更多的繁文縟節與管制，而這正是格拉弗及其他幾家公司的高層主管們最排斥的。但是，有什麼辦法呢？在執行地方分權的公司裡，早期那種將員工們凝聚在一起的力量已經不復存在，公司當然必須用許

多規定條文來管理員工，讓他們不敢踰矩怠惰，如果員工們對公司沒有向心力，怎麼可能願意彼此合作？因此，在這種情況下，公司無可避免地必須更嚴加管理員工。

　　企業縮編之後，必然節省了許多支出，同時也避免許多不必要的浪費。此外，中階主管們並未因此而失去對公司的忠誠，他們仍然渴望能效忠公司。對企業來說，這是利多的一面。然而企業縮編之後，也產生不少後遺症，而且它所造成的影響不但更深遠，也更不容易被察覺。在企業轉型的過程中，公司不但減少開銷與浪費，也造成了人際的疏離，人們並不是變得更自私或刻薄，而是更無法融入彼此，相處之間失去了和諧融洽的親密感，企業也因此變得愈來愈刻板、更官僚化。

　　總而言之，這就是格拉弗公司在面臨裁員風波時所發生的種種問題。在接下來的章節中，我們就更深入地探討，企業如何透過系統化的改組過程來解決這些問題。

5.

故步自封：
員工參與管理的缺失

　　企業改革試圖提升中階主管們的工作效率，但是卻使他們變得愈來愈刻板，這個問題導致企業內部與日俱增的疏離感，使中階主管們逐漸脫離現實。或許有人會說：「但是，這些公司只不過一時走錯路線罷了，他們真正該做的是…」言下之意是指，企業界應採行管理學中廣受歡迎的企業轉型理論。

　　一般理論大都主張，在企業轉型過程中，應該設法讓員工更有參與感，讓他們多多接觸公司的改革計畫，以增進員工們對公司重組過程的了解。在許多關於這個概念的理論中。赫許曼（Albert Hirschman）的理論是最有深

度的。赫許曼認為，員工是否能夠參與公司事務，對那些日漸式微的企業來說格外重要。如果公司中最積極活躍的那些人，無法盡情表達他們對公司的意見，那麼他們會寧可離開這個公司另求發展，這麼一來，對這些正在走下坡的公司而言，這些員工的離去等於再次剝奪了讓公司起死回生的機會。

此外，赫許曼更進一步強調忠誠的重要性。一旦公司發生危機，即使人們的理性可能會告訴他們該趁早離職，但是基於對公司的忠心，他們往往還會選擇留下來與公司同舟共濟、共渡難關。換句話說，在忠誠的驅使之下，人們才會有更大的動力去改善公司的體制。

目前各大企業所遭遇的危機是：一旦中階主管無法對公司的存亡產生參與感，他們的心中就得面臨極大的衝突。雖然主管們基於忠誠而與公司站在同一陣線，但是在另一方面，他們卻無法接受公司裡即將產生的轉變，因此，他們只能設法跳脫出自己的處境─無論選擇在實務上或精神上逃避現實，否則就是勇敢地向高層主管提出自己的看法，也就是說，中階主管們必須冒著在某種程度上不認同公司做法的風險。

我所訪問的中階主管們大多有共同的心聲，認為自己的意見並沒有受到上司的尊重，他們對高層主管的抱怨有一個共通點：「上司們根本不了解我們這些小主管的處境，不但不尊重我們的專業知識，也不肯聽我們的意見。」當然，中階主管們都認為自己可以對上司直言不諱，但是他們相信，公司裡目前的溝通管道並不足以暢通

到讓他們的意見上達天聽。

此外，中階主管們相信自己提出來的意見都非常有建設性，在這一點上，他們認為，自己和高層主管是有些許差別的。他們並不是要公司全盤接受自己對企業經營及財務管理方面的意見，中階主管們也承認這兩者並非他們的專長，但是他們相信，自己對公司的經營實務瞭如指掌，絕對可以貢獻一些有用的建議。從我的研究看來，這些中階主管說的確實沒錯。舉例來說，我在之前的章節中曾經提到，格拉弗公司的高階主管們打算將一部份工程外包給其它的公司，根據我第一次到格拉弗公司拜訪時觀察到的經驗，大部分中階主管都認為那是愚蠢的決定。他們指出，雖然工程外包的做法可以在短期內為公司節省一筆開銷，但是卻很容易破壞工作的整體協調性，以後會造成更多的麻煩和困擾。兩年後，當我再度至該公司做追蹤訪查時，高層主管們已經發現自己當年所做的決定的確是錯誤的，同時也撤銷了這項措施。

這些中階主管們不僅認為，自己的意見非常有參考價值，也相信，即使他們的意見可能會危害到自己的實質利益，但基於自己對公司的忠誠，他們有義務將自己的想法轉達給公司。

> 我想我們對公司有種使命感，尤其中階主管們更是如此，我認為，我們有義務讓公司愈來愈好，這是我們這些員工的責任，就算有人會因此而受傷害，我也不在意。

赫許曼的理論可以藉這種情形得到證實：唯有在員工
忠於公司的情況下，他們才願意助公司一臂之力，而且他
們的確能夠對公司有所助益。在我與格拉弗公司的主管所
做的訪談中，他們也對公司中缺乏良好的溝通管道大肆抱
怨，有些人甚至對公司做出有些刺耳的批評：

　　　　你只能把對公司的抱怨往肚子裡吞，做好自
　　己的工作、自己想辦法解決困難，不要奢望通過
　　層層關卡向上面的人表達你的不滿，因為他們根
　　本不可能聽到你的怨言。

　　似乎只有一個方法能夠解決所有的問題，那就是打破
官僚體制的藩籬，多讓員工參與公司事務，藉此鞏固他們
對公司的忠誠。理所當然的，許多公司的領導人及管理顧
問經常在演講及文章中也特別強調這個理念。自從日本在
1970 年發現「品管小組」（quality circles）的好處以
後。員工參與公司管理的經營方式就一直是企業管理方面
的重要課題。

日益盛行的員工參與制

　　有幾家公司在改組的過程中，也大量參考中階主管們
的意見，凱芮公司就是其中之一。這家公司花了兩年時
間，才將管理理論與實際的專業技術合而為一。每一年，
來自各部門及各階層的員工代表們都會聚在一起，將他們
的意見轉達給高層主管；同時，高層主管們也會在會議

中，向他們解說公司下一年度的營運政策，然後員工代表們便可以提出他們覺得更好的建議，並且共同擬訂出公司的改革發展計畫。而另一家規模較小的埃氏企業，則是在公司中舉行一連串的階段會議討論員工們最重視的問題，他們會在會議中聽取各部門、甚至包括販售部門員工的意見。而利可公司的其中一個部門，更嘗試在一個新成立的工廠中採用完全由員工參與的管理模式。

這些改變只是公司為了讓中階主管更有參與感所做的一部份努力罷了。除了克氏企業及JVC集團外，大部分公司的領導者都特別強調員工參與管理的觀念。至少，老闆們都會特別要求所有主管們尊重他們的部屬，並且要關心員工的想法、站在「輔導者」的角度去對待員工，而不要以「管理者」自居。幾乎所有主管都謹記這些要求，而且都做得更徹底：他們願意敞開辦公室的大門，當基層員工不想讓直屬上司知道自己的意見時，他們可以直接越級去與高層主管商量；另外，公司裡成立「討論小組」，讓主管與部屬們有機會共進早餐，一方面可以促進交流，一方面也可以利用時間進行早餐會報，整個公司上下同心協力、真摯地為公司的未來而努力，這種團結一致的感覺讓我對這些公司印象深刻。

這種讓員工參與管理的模式在企業中風行的程度，著實讓許多著書倡導這個理念的學者感到十分滿意，因為這代表他們的努力並沒有白費。當然，這個理論有其合理性。我訪問過的主管們都肯定地表示，如果他們的意見能夠受到上司的重視，他們一定會對公司更加忠心，而且會

在工作上力求最好的表現。整體而言，這些主管們對公司的要求並不多，他們並不期望自己真的能改變公司的決策，也不奢求自己的想法一定要被接納，但是他們相信只要公司高層們真的願意了解員工們關心的事，他們的意見一定能夠幫上忙。這些中階主管們的態度顯然非常溫和謙遜，甚至帶著幾分遲疑：

> 我們大家都希望能夠表達出自己對公司政策的想法，或許我們的意見不見得每一次都能發揮作用，但是我們只是想確定的確有人真的關心我們的想法…

然而，這種不確定的語調已經透露出問題的徵兆了，因為人們對這種由員工參與管理的制度有諸多抱怨，其中有一些矛盾之處：不知是什麼緣故，那些大開溝通之門、成立討論小組及強調輔導者角色等等讓員工有機會抒發己見的管道並沒有發揮作用。更讓人驚訝的是，其它試圖貫徹員工參與管理制度，包括整合公司各部門、鼓勵員工團結合作、定期召開員工大會等方法也一樣無法奏效。這些情況使官僚體制的藩籬顯得更難以突破。

接下來，我們就以一些實例來深入探討這個理論失敗之處。

利可機械設計廠

高度企圖心

　　經過長期觀察，我發現利可公司在改革管理風格上可說不遺餘力，該公司的背景與其它企業並沒有太大的差異：歷史悠久、穩定性高、職務與階級分明，而且一向以權威方式管理員工。在1980年左右，利可公司面臨十分激烈的競爭壓力，因而促使公司的改革及後來的裁員行動。該公司所做的其中一項改革就是，強烈主張人類價值之重要性，他們所謂的人類價值包括參與感、安全感及公司員工之間團結一致的力量。在我將要陳述的個案中，公司裡所有的主管都學會以輔導者的立場去關心自己的部屬，而員工們也以「顧客至上」的態度與主管們討論自己的工作—不論所謂的「顧客」指的是公司裡的主管或真正的顧客。

　　在我所研究的這個工廠中，人們試圖以這套「顧客至上」理論作為管理的基礎。個案中的主角是一座剛剛經過整修、設備新穎的機械設計廠，因此是嘗試新管理模式的大好機會。這個工廠的經營規模相當龐大，在短短幾年內，工廠的一百位工程師就已達到原本將近千人才可達到的生產量。這個工廠的準主管在廠房還沒有完工時，就已經著手規劃工廠的管理制度，希望能將它管理得井井有條。

　　在這個工廠裡，不同部門的人都在一起工作，不受部

門區隔的限制。在人事方面，有五位中階主管共同籌畫工廠的組織，後來他們都稱這五位主管為「督導」。最特別的是，他們把技術人員與管理人員這兩個在工作上原本最沒有關連的族群合併成一個團隊。技術員指的是負責設計產品的工程師及繪圖員，管理員則負責提供所有的支援，包括廠房維護、提供資訊系統及人事調配等。在我所觀察過的所有公司裡，前者通常認為自己是公司的核心，而後者則經常覺得自己在公司中並不受尊重。

這五位「督導」的上司曾經激勵他們創新、勇於嘗試。他們的直屬長官在訪談中，回憶起當初的情景時，他說：

> 當時我跟他們開會討論一些管理方式的可行性，我記得，我對他們說：「我們現在就像一張白紙一樣，有很好的機會可以做點和過去不同的事情，沒有人會從中阻撓，我們可以大膽地將心中的想法付諸執行，一切從零開始。」當時他們並不了解我的意思，而且對於我用「白紙」這個名詞來形容這個工廠也有幾分不服。他們對我說：「您所說的一張白紙是什麼意思呢？這個工廠並不是一切從零開始的，我們都承受了很大的壓力啊！」我的回答是：「不，你們並沒有壓力，你們想做什麼都可以放心地去做。」他們只是一再地說：「我可不喜歡這樣…」。

> 我想，這幾個人當時大概都認為我瘋了，但

是到了後來，他們慢慢地拋開了所有的舊規矩，
開始按照自己構想的方式來管理這個工廠。現在
我再也不需要在背後督促他們了。

　的確，在短短幾個月裡，這些督導們彼此之間就培養
出深厚的交情，對他們理想中的工廠也有了共同的展望。
他們在工廠裡營造了非常隨性的環境與工作氛圍，同時也
與工廠裡所有的員工建立起密切的關係。他們凡事以身作
則、鼓勵員工之間不拘束的互動關係；他們和部屬們共同
努力工作，發展出鼓勵員工參與的管理模式。最重要的
是，他們在工廠裡組成了一個「自治會」，讓來自各部
門的員工一起來參與工廠的管理。

　對工廠負責人來說，這個「自治會」組織的存在可
能徹底顛覆了傳統的官僚體制。大家都認為，官僚體制對
企業革新是一個很大的絆腳石，大部分員工在剛開始時都
無法擺脫心理上的慣性：他們等著別人來阻止自己的行
為、四處尋找那些一向只會限制他們的那些官僚規矩，而
且不敢勇於嘗試。於是問題就在於必須找到一個具體的方
式，讓他們確信自己現在是「一切從頭」，可以放心大
膽地參與工廠裡的任何事情。

　在這個工廠裡，自治會的組成分子大約有二十個人，
來自各個不同的工作領域—其中也包括了中階主管與基層
主管、技術人員、行銷人員及管理人員等：這些人當中有
男有女、也有來自不同種族的人。自治會剛開始運作時，
五位督導負責帶領他們了解管理的事務，等到一切上軌道
之後，督導們隨即退居幕後，以便給這些員工代表們更大

的創造自由與空間。督導們在首次會議中所傳達的理念，就和當初那位長官告訴他們的差不多：不斷向前邁進、勇於嘗試，公司會是大家的後盾，協助大家一起把工廠變得更有效率、更令人滿意，員工相處也更融洽。

經過幾次沒有任何一個督導在場的會議之後，自治會開始討論一項對員工們來說相當重要的提案：大家希望能在工廠內特別開闢一處員工休息區，他們認為，休息區的設置不但有益於員工之間的情感交流，也可以使工廠的氣氛更團結、更有向心力。不過，自治會之所以在會議中提出這項提案，還有另一個原因：該企業的總裁已經在其它幾家廠內下令不准開闢員工休息區了！他認為在公司財務吃緊的節骨眼上，這麼做簡直是浪費錢！

因此，如果自治會決定要向總公司提出這個提案，那麼這個工廠自治會的第一個提議，等於是對高層管理當局的公然挑釁。當然，這個提案的背後也代表了許多的意義與期許。首先，自治會二十位員工代表們本身對這種公然挑戰高層的舉動就意見分歧，有少數人並不願意促成這個提案，但是大部分的人都說，他們通過提案只不過是遵照上司告訴他們的話、主動為自己爭取權益罷了，所以即使提案遭到否決，該負責任的人也不會是他們。

員工休息區提案一旦被上層否決，也就意味著公司裡還以高層當權者的意見為意見。在這種情況下，五位督導及他們的上司也陷入兩難的局面，他們必須對員工們的要求做出善意的回應，才能夠打破這種傳統的管理模式。因此，他們動員了所有的人脈資源，希望能夠影響老闆對這

個提案的決定，讓這個工廠首開先例、在廠內設置一處員工休息區。某位督導在訪談中，表達了當時的無力感：

> 當他們開始醞釀以這項提案挑戰公權力時，我們真的有很大的挫折感。他們的態度彷彿是在對我們說：「要是老闆不准我們在這裡弄個員工休息區，就表示你們說的那一套管理方式根本行不通，自治會根本沒有用！」這個提案在公司裡引起軒然大波，成了人人皆知的案例。我實在不懂他們在打什麼主意。另外，上司們對這件事的反應，也讓我感到很氣餒，他們說：「快把這件事情解決掉吧！吉姆，我們別再討論這個問題了，你知道這件事有多敏感的，別的廠都沒有出現這種麻煩，別再談它了！」由上司的反應，你就知道我的處境了吧？我們這幾個督導得負責搞定所有的狀況，還得儘可能讓大家感到皆大滿意，因為這件事對他們來說真的是非常重要。

這件事情的後續發展，讓這些督導們大大地鬆了一口氣－公司高層們竟然通過了這項提案、承諾在該廠設置員工休息區！消息傳來之後，五位督導的精神為之一振：因為延宕多時的僵局，終於有了突破性的發展，而且這象徵著該公司將會有一番新的局面，一個更注重溝通、更團結的新秩序就要來臨了。

然而，相形之下，自治會的員工代表們，對這件大消息似乎就沒有那麼興奮了。雖然自己的提案終於受到肯定，他們也覺得很有成就感，但是他們並不認為公司的基

本結構會因此而有重大的改變。他們非但沒有表現出澎湃的工作熱誠與活力，反而忙著開會商討下一步該怎麼做。現在回想起來，當時的情況其實正像是暴風雨前的寧靜。

短暫的平靜

在員工休息區提案受到批准之後，工廠自治會的討論重點，轉以公司營運為主，不再只針對員工們的工作環境提出建議。此舉受到五位督導的大力支持，在這些主管們的觀念中，這個自治會真正的重要性就在於發揮它的效力，將公司裡所有的單位一包括服務部、設計部、行銷部及製造部等等一凝聚成一個團結合作的共同體。這些員工代表們提出的員工休息區提案，的確有助於建立員工對公司的信任感，但是這並不是自治會主要的功能。

自治會的主席，在公司裡是一位年輕的技術人員，他認為研發新產品、收集客戶意見表及如何增加同事們工作上的彈性空間等議題，十分有討論的價值，但是他發現，大部分員工代表都不願意在會議中涉及這方面的敏感問題。雖然上司們十分鼓勵他們多加討論各方面的主題，但是員工代表們大都認為這些事情並非他們自己的專業能力所及之處，這麼做逾越了別人的專業領域，再說，他們還需要更多的專業知識，才能夠對別人的工作提出批評。

員工代表們不願意推動這些與公司營運有關的改革，並不代表他們認為這些事情無關緊要，也不代表大多數員工們並不關心公司的營運狀況，或覺得事不關己；事實正好相反，絕大多數的代表都相信公司的營運出了很大的問

題，而高層主管們也都無計可施。在這方面，這些員工所抱持的看法，就和我第一次到格拉弗公司時所看到的情況十分類似。在這個工廠重新運作了數個月之後，該公司的其它工廠開始面臨裁員危機，而這家工廠也感受到日漸沉重的經營壓力。員工們對公司裡史無前例的裁員舉動並沒有太多苛責，但是他們對公司高層主管們的辦事能力卻諸多抱怨，認為他們並沒有善盡溝通的職責。

在這種情況下，成立了大約九個月的自治會開始陷入膠著狀態。表面上看起來，他們在會議中討論的主題似乎愈來愈集中在一些瑣碎的小事情，例如新進職員的說明會及公司裡的團康活動等。但是在事實上，情勢卻愈來愈緊張。自治會主席及他們的上司一再催促，甚至懇求他們正視自己真正關心的事情，並開始討論一些像該如何有效地管理公司、讓員工更有安全感等比較有益於公司革新的議題。但是壓力愈大，大部分員工代表就愈無法面對這個問題。

同樣的情況也發生在五位督導身上。在某位長官及企業顧問的力主之下，這些督導們與高層主管開會研討工廠未來的營運政策，在會議中，長官們十分鼓勵他們針對工廠發展的先後順序及重點，提出自己的看法。這次的討論可以說是我所參與過的會議中最匪夷所思的一次，與會的主管們在會中重蹈自治會代表們的覆轍，做了他們不希望代表們在會議中做的事：他們花了大半的時間痛批高層主管們缺乏領導能力：

　　　　我們不知道還能相信什麼人…大家都不知道
　　到底是誰在管理這個公司…當我們應該把公司發
　　展的重心集中在市場行銷上時，他們卻把公司裡
　　大部分的資金拿去添購機器設備…公司產品的訴
　　求對象也完全不對…我們不應該只依賴一個大客
　　戶的…。

　　接下來，他們更因為拒絕想辦法解決這個問題，而浪
費了剩下來的時間。我用「拒絕」來描述當時的情況，
是因為那個時候他們幾乎已經失去理智、一昧地為反對而
反對。長官建議他們把自己的想法歸納出來，提供給高層
主管做參考，但是他們卻認為，這麼做只會使情況雪上加
霜；公司顧問認為至少他們可以針對自己所能掌控的部分
做出管理計畫，但是卻招來更多的批評：

　　　　跟高層管理部門的人開會根本就沒有用，他
　　們自己也是一頭霧水，不知道該怎麼辦。去找他
　　們商量事情簡直就是白費力氣。

　　同時，我們再回頭看看工廠自治會的情況。員工們私
底下對上司的抱怨愈來愈嚴重，他們的不滿主要是針對才
剛整修完畢的總經理辦公室，由於辦公室的裝潢太過於華
麗，員工們覺得總經理似乎更高高在上了；此外，他們也
不滿公司白白錯失許多生意機會，讓一些原本有希望促成
的計畫停擺。

錯失良機

在某一天的午休時間，資深技師亞倫又開始對公司的經營方式大放厥詞，這一次他特別強調，他十分樂意站出來解決問題，願意不計任何代價地代表大家表達心中的不滿，於是公司顧問建議自治會主席主動安排員工與工廠經理會談，向他闡述員工們的觀點，但是，這個建議後來引發了一連串事件，並且進一步說明「員工參與管理」這種經營模式窒礙難行之處。

◉ 自治會主席對顧問所提的建議躍躍欲試，但是其它人對此事大多興趣缺缺，而且，不出我所料地，原本義憤填膺的亞倫在聽到要和經理對談之後，馬上就變成了縮頭烏龜，只敢在一旁低聲嘀咕。

◉ 接下來，自治會推派包括主席及亞倫在內的一個討論小組，去和工廠經理藍道夫先生開會。至於藍道夫這一方面，他對這場會談表達了開放及期待之意，而且也十分鼓勵來參與會談的員工們暢所欲言、盡情表達他們的意見。

◉ 然而，當自治會所推派出來的小組為了準備這個會談而聚在一起時，他們花了大部分時間爭論到底誰是這次會談的始作俑者、以及他們是否應該先商量到時候要向經理報告的內容。亞倫和其它的員工代表都堅稱自己不是促成這次會談的人，他們認為自己只不過是對藍道夫的要求做出回應而已：「是他召開這一次會談的，為什麼我們得準備到時要討論的議題？」同時，他們對高層管理部門的不滿也不

時地爆發出來，但是他們還是堅持除非直接被點名，否則絕對不會說出自己對公司的不滿。

◉ 這場與藍道夫之間的會談，進行得十分平靜。會議一開始，藍道夫首先表示他非常期待能和員工之間多進行一些意見上的交流。有幾位員工代表表達了他們的徬徨無助和無力感，但是他們的語氣都十分戒慎恐懼，因此沒有造成緊張的氣氛。有一位年輕的職員問到關於裁員的事情，藍道夫的解釋是：目前公司的營運狀況非常不穩定，但是短期內，他並不希望這個工廠出現裁員的必要。藍道夫表示，他不太明白大家為什麼會如此驚慌失措；他曾經多次在公開場合中，對所有員工說明公司的現況，但是不知道為什麼，大家似乎總是無法理解，他說：「我想，這要不是因為你們根本不同意公司現在的經營政策，就是因為公司不是你們的，所以大家總是說過的話當作耳邊風吧！」在會議中，藍道夫允諾，將來他會在每個星期抽出一個小時的時間，去工廠與員工們談話。此外，他們也討論到日後召開更多公開會談的可能性，讓所有員工有機會能和經理討論關於公司的事情。藍道夫更建議，員工們應該多注意公司的成功，而不要只看到公司的失敗。同時，他也對自治會主動與主管溝通理念的舉動大表讚賞。

◉ 這次會談並沒有改變任何事情，一個月之後，員工們的不滿情緒及對公司的抱怨仍然有增無減，雖然

藍道夫和其它的高層主管們皆認為，會談成功地安撫了員工們的情緒，但是中階主管卻認為情況並沒有好轉。

長期養成的慣性思考

現在，讓我們來關心這個工廠三年後的發展。在這段時間裡，工廠的營運狀況並沒有什麼變化，雖然公司不斷進行縮編，但是大部分的部門儘可能不刪減主管階層人數。

這一個機械設計廠本身並沒有「正式地」進行過裁員，但是在經營狀況不佳的壓力下，也出現了幾波提前退休的情形，工廠裡的人事層級也減少了。事實上，之前組織整個的「督導」管理階層已經消失了，現在，工廠裡每日的運作都改由一個跨部門的小組來管理。在這個小組中，職位較低的主管必須向駐守於另一個工廠、負責輔導管理的主管（輔導組長）報告每日的工作進度。

那麼，以前工廠裡講究的「員工參與管理」、「員工工作士氣」及「忠誠」到哪兒去了呢？

關於員工「參與管理」這一項制度，剛開始時，員工代表們還持續地召開自治會，但是卻沒有辦法對他們之前所關心的問題發揮任何影響力。一位不屬於自治會成員的員工說：「我不了解自治會的意義是什麼。我根本不知道裡頭的成員有哪些人，也不記得他們做過什麼特別有意義的事情，我想，他們大概就只是替我們員工爭取了健身房，還有一些新家具吧？我很欣賞自治會剛成立時的表

現…但是現在它的功能已經不像以前那麼有意義了。」

在員工的工作士氣方面，這個工廠所表現出來的特質，和格拉弗公司十分類似：大部分的員工都希望，只要做好自己份內的工作，就能得到最好的回報，然而，有一些人則表現得比較迷惘，尤其是那個跨部門領導小組。小組中的主管們感到自己十分孤立無援，而且所有事情都超出了他們所能掌控的範圍：他們做自己的工作，但是卻不知道對公司到底有沒有幫助。他們認為自己與同事們合作得很好，但是對高層主管一尤其是他們的「輔導組長」一卻相當不滿。由於輔導組長都駐守在別的工廠，與他們之間的關係並不親近，因此，他們覺得組長並沒有充分授權給他們，也就是說，他們覺得自己被上司背棄了：

> 輔導管理的缺點就是，我們沒有辦法獲得上
> 司的認同或批評。我覺得自己好像被拋棄了，沒
> 有人理會我們。

有一回，這個跨部門小組直接越級向高層主管反應，認為工廠裡應該要有一個上司，而不是凡事都要向遠在百哩外的主管報告。結果，當時的輔導組長就將他們的考績評為不良作為報復，後來在小組成員群起抗議之下，他們的考績才得以重新核定。

和三年前那一股焦躁的情緒比較起來，現在工廠裡人心不安的嚴重程度顯得有過之而無不及。員工們對公司的營運政策已經失去信心了，他們不知道公司的做法到底對不對，而且也感覺不到自己和公司之間的聯繫。

這個工廠出了什麼問題？首先，從行銷的角
度來看，我不知道我們是如何經營這個工廠的，
也不知道競爭對手是誰，更不知道我們的行銷手
法是什麼。再者，我們的製造部門是一團糟，沒
錯，我們是一直想辦法符合顧客的需求，但是卻
沒有考慮到整個市場的走向、工廠本身的能力及
將產品推廣到整個市場的策略等問題。

　　那麼「忠誠」呢？這個工廠就如同經歷過一場地震
之後的建築物，雖然依舊矗立著，但是卻出現了嚴重的龜
裂。儘管大部分員工認為，自己還忠於公司，但是卻不能
肯定現在他們效忠的對象到底是什麼。我問過幾位員工這
個問題：「你對忠誠有什麼看法？」以下就是我所得到
的回答：

　　　「我對同事們比較忠心，但是對直屬上司的
　　忠誠就比較弱了，因為我在和上司的互動關係中
　　感受不到一絲彼此分享、互相信賴的感覺。至於
　　我對利可公司的忠誠如何？我自己都不敢思考這
　　個問題，我不至於做出違反職場倫理的事情，不
　　過我所能做的事也就只有這麼多了。」

　　　「員工應該要對公司有歸屬感才對，那是一
　　種彼此需要的感覺，除了在我自己的工作小組以
　　外，我卻感受不到對公司的歸屬感。利可公司的
　　變遷太快了。」

我想特別強調的是，整體而言，除了這類充滿疑惑或傷感的回應之外，利可企業內部的忠誠還相當高：我所訪談的每一位員工（除了一、兩位新進職員以外）仍舊希望能長久地在利可公司裡，而且，大部分的人也表達了他們對公司深厚的情感，公司上下並沒有因爲公司的轉變而背棄它、也不會凡事只以自己的利益爲出發點，他們還希望能夠重新建立起自己與公司的聯繫。如果說他們的態度有什麼轉變，那就是過去他們關心的焦點是所有與公司有關的事情，如今他們能注意公司裡特定的地方，但是他們並不會將這一份關注轉移到公司以外的事物上─不論是追求自己的生涯規劃或更專業的工作能力。

爲何避談管理上的缺失

　　以上的故事，帶給我們的啓示是：傳統社群中的溝通法則很難突破，就算主管們三番兩次對員工們闡述公司的新營運策略，人們可能還是覺得一頭霧水；而儘管主管們努力地希望能了解員工們的心聲，但是員工們也不願意將問題眞正的癥結表達出來。

　　令我這個旁觀者感到十分震驚的是，不論在利可企業或其他公司裡，人們自我保護的心態都非常明顯。主管們可能會經常自吹自擂地表示，自己不怕向高層人員反應自己的不滿，也很樂意爲大家表達不平之鳴，但是一旦公司裡的高層主管們眞的願意傾聽員工的意見時，他們反而都退縮了。雖然高層主管總是強調自己的心態非常開放，也

希望員工們能對公司的經營理念提出自己的看法，但是卻沒有員工願意這麼做，結果公司高層與員工之間幾乎從來沒有良性的溝通交流，即使這真的是企業管理中不可或缺的一個重點。

員工們之所以不敢直言，多半是因為害怕自己因此遭到責罰。事實上，員工們會有這層顧慮也是在所難免，但是我認為，這個解釋並不充分。根據我在這幾家公司所觀察到的情形，恐懼感並非大家保持沉默的主要理由，雖然也有某些高層主管動輒喜歡處罰下屬，例如JVC公司，但是大多數的公司並非如此。在納得企業經過裁員之後，員工們普遍對未來失去安全感，但是他們並不擔心會因為向公司表達自己的想法而遭殃，大多數的員工其實都有共同的看法，就像其中一人所說的：「整體而言，公司對我們還不錯！」事實若非如此，我也不會在這些公司中觀察到員工們對自己公司的忠心及他們所付出的努力。

此外，當我調查員工們對員工參與的觀感時，很明顯的，所有人的看法並不一致，對他們來說，有些事情可以公開討論，有些卻不能。我將引起不同反應的這些問題區分為三大類。

引起爭議的做事方式

公司政策能否貫徹於中級管理階層中？這是所有員工們唯一願意公開討論的問題。對於這一點，中階主管們覺得，自己有十分充分的立場、可以暢所欲言。許多人抱怨

高層主管連一點小事也要管，完全暴露出他們不懂得知人善任的缺點，在這種情況下，中階主管們通常會有兩種因應之道，其一是聯合起來違抗高層主管的命令；否則就是在階級體制內積極地追求自己的目標。談起這方面的問題時，人們往往比較願意主動回應。

像這樣願意為自己的立場據理力爭的情況，證明人們不肯多談的原因並不全然是擔心受到責罰，中階主管認為自己的理由十分充足，因此願意公開談論關於公司政策的實施問題，但是對其它的議題，他們往往避而不談。

你可以讓大家對產品方面的問題高談闊論，但是其它事情就沒辦法了，因為你所聽到的事情，老闆都會知道得一清二楚。

「個人問題」

一旦談到跟自己本身工作有關的事情時，大部分的主管們就不願意多做評論了。在公司面臨縮編、大家的工作量變大、壓力驟增的情況下，人們自然會特別留意主管們的工作狀況。但是要想讓他們在公開場合談到關於薪水、嘉獎及升職的事情，簡直是不可能。

當然，公司並沒有明令大家不准談論這些話題，事實上，所有的公司反而都十分鼓勵主管們說出自己對這些事情的想法。我所訪問過的那些高層主管中，幾乎沒有人承認對他們的主管而言，要他們直言不諱是很困難的事。

不過，大概所有的中階主管們都有共同的想法，那就是一旦他們所做的事情逾越了自己的工作領域，很快地，他們就會被列入黑名單，而且工作也可能因此不保：

　　「要是你抱怨停車位的問題，你就會特別受到上級的『注意』。我們現在還在觀察這個剛上任的工廠主管，看看在他的管理之下，我們什麼能說、什麼不能說。」

　　「就這些問題而言，不滿現狀對你自己一點好處也沒有。我對公司給我們的薪水也不是很滿意，但是我覺得不需要為這些事情自尋煩惱。」

　　像利可公司的員工這種自我保護的情形，在別的公司也十分常見。事實上，我經常趁著公司開小組會議時，請主管們說說他們的需求：如果有長官在現場，那麼中階主管們一定只會談到公司或部屬們的需求，而對自己的需要絕口不提。此外，公司裡的差別待遇、家庭困擾及其他許多個人問題，都是大部分主管們避而不談的事情，彷彿在公司談論個人需求是一大禁忌。這也就是「應否設置員工休息區」這個問題會在利可公司裡引起軒然大波的主要原因。這個提案可以說是對此一禁忌的一大挑戰，許多主管都認為，休息區是屬於個人需求問題，在向公司提出這項提議時，自治會代表們的心中也非常忐忑不安。但是當這項提案獲得公司准許之後，他們這一次的作為簡直可以說是一次大獲全勝的革命行動。但是由於這個「公司中不談個人之事」的禁忌，實在已經根深柢固，因此，

就算是這麼關鍵性的改革，也無法對公司造成長遠的影響。

那麼，要如何解釋這個造成公司內部溝通不良的障礙呢？即使高層主管們極力否認與員工之間的交流有問題，但是事實證明了這層障礙的存在。這個問題十分難以闡明，而且想要跨越這道鴻溝也絕非易事，因為這牽涉到忠誠的力量到底有多大。人們通常以忠誠來斷定優良員工的定義，認為一個真正的好員工，應該將公司的需求視為個人的最高職志。而那些主動為自己謀求福利的員工，往往被視為不忠於公司、凡事自私自利的人。

許多人都以類似的口吻告訴我：在公司裡引起這樣的問題，對自己是非常不利的，職業當然是人們保持忠誠的主要因素，他們希望自己這種始終忠於公司的表現，可以換得工作上的步步高升，這樣的語氣透露出，他們擔心任何關係到個人問題的爭論都可能會使他們的希望破滅。

套用一句Lewis Coser說過的名言，忠誠是一種「貪婪」的表現，試圖凌駕人們其它的義務。公司並非一般社會上的黨派或烏托邦式的團體，員工們是可以活在外在世界當中的（雖然現在未必如此了！）。然而，以公司的立場來說，他們還希望員工們把公司的要求放在第一位，凡事能以公司為優先考量。舉例來說，直到最近，主管工作地點調動之頻繁，在產業界來說都是不足為奇的事情，而主管們通常也不太會把妻小對這種情形的抱怨放在心上。此外，公司也經常希望主管們的社交活動能對公司有所幫助，例如，他們比較希望員工們經常參加扶輪社

（Rotary Club）及童軍團（Boy Scouts）所舉辦的活動，
為公司在社會上樹立良好的聲譽。然而，若是主管們只顧
參加私人的社交活動，甚至於熱衷於政治色彩濃厚的活
動，都會對工作上的發展構成威脅。

　　大部分的中階主管，似乎都能夠接受以忠誠來定義到
底哪些事情可以在公司中公開討論，他們時時警惕自己的
言行、自詡願意做公司交代下來的任何事情，並且避免被
別人貼上「自私自利」的標籤。正因為如此，公司改革
所造成的壓力始終是隱而不宣。

企業體制與經營策略

　　在公司中，人們通常極其不願意公開談論不屬於自己
工作範圍內的事情。在官僚體制觀念的影響下，大部分的
主管們都認為，人們應該各司其職、不宜逾庖代俎。由於
這種觀念的驅使，他們在遇到問題時只會有兩種選擇：認
命地把這件事當作自己的責任並做好它，或想盡辦法把燙
手山芋丟給其他同事去處理。不論採取哪一種做法，在做
決定之前，人們都不喜歡開誠佈公地與別人討論這樣的苦
惱，寧可選擇自己解決。他們擔心如果去找其它人訴苦，
彷彿是在暴露自己的弱點，不然也會讓別人誤以為自己有
逃避責任之嫌；要是把問題交給別人去解決，卻又不斷打
探人家的處理狀況，又顯得自己過於干涉別人的工作、甚
至有懷疑別人工作能力之嫌。因此，人們只好事事親力親
為、只敢在私底下偷偷地抱怨。這種情況在大部分的公司

中，都屢見不鮮。

在官僚體制的原則之下，人們不敢公開批評或質疑其它人的工作狀況，更重要的是，官僚體制也使人們避談公司高層的管理策略及體制。

這也就是許多矛盾、看似不理性的行為之所以會發生的原因。中階主管在我這個外人或自己同事面前振振有詞地大肆批評上司愚昧之處，認為他們所採用的技術或行銷策略大錯特錯，不然就是批評高層主管們只懂得一窩蜂跟著潮流起鬨、一點主見也沒有。然而，中階主管們卻從來不曾將這些意見透露給上司們，事實上，他們根本拒絕讓上司們知道自己有這種想法。

如果說利可公司的員工自治會最受人注目的一點，是提出了一個以員工個人為重的提案，那麼該組織的第二個特點就是，他們拒絕對公司的經營策略提出意見。工廠經理藍道夫所召開的會議注定會遭受挫敗，因為與會的中階主管們根本拒絕在會中討論他們平常對公司的評論和建議。

公司與員工之間溝通不良所造成的代溝，不但意義深遠，而且影響甚鉅。利可公司的高層主管們，總是堅稱他們的重要任務在於讓員工們了解自己的公司，過去數十年來，他們盡了許多努力促成這樣的溝通了解。在大部分企業裡，公司與員工之間的交流互動確實有很大的改進，利可公司也不例外：現在，中階主管們對於過去一向被視為公司機密的產量與成本問題也有所了解。此外，如同藍道夫所說的，在利可企業中，高階管理當局每個月定期召開

一次檢討會，完全公開公司的營運狀況及目前在市場上的競爭情勢。同時，他們也大量利用錄影帶、定期刊物及電子郵件等方式，讓大家更能掌握公司的現況。

儘管高階主管盡了許多努力，促進員工對公司的了解，但是中階主管們多半或無法了解公司的經營策略，他們所能理解的，只是產品在市場上的表現：中階主管們十分關心他們每天生產的效能如何、是否能夠達到理想的目標。但是，公司並不能完全以產品作爲經營策略的考量重點，還必須考慮到生產該產品所需花費的資本、顧客階層、市場需求和市場多變性及市場競爭走向等因素。高階主管負責的是公司的經營規劃，而一個完整的企劃書當中必須將所有的可能性鉅細靡遺地考慮進去的。因此，在利可公司中，每個階層的員工都有不同的挫折感：工廠的五位督導試圖促使員工自治會討論與公司經營政策有關的問題，結果卻不得其門而入；藍道夫則對於員工們即使在聽過他的解說之後仍然無法了解公司的本質而大感不解；而中階主管們，則覺得自己始終無法掌握公司的狀況，並且不滿高階主管們的荒謬舉動。

順帶一提，即使在定期召開中階主管會議的公司裡，情況也不見得較好。舉例來說，之前提過的凱芮公司也成立了類似自治會的組織，事實上，儘管該公司的自治會對公司有更大的影響，他們對於公司與員工之間在經營策略上缺乏共識的情況，也大嘆無能爲力。

造成這種溝通不良的原因很多，專業能力就是其中一項重要的關鍵一對那些一向以優良產品性能爲職志的中階

主管們來說，要他們理解市場的競爭性及資金、成本等問題實在非常不容易。不過，問題不只如此，中階主管基本上也十分排斥去了解這方面的事情，他們這種拒絕談論公司政策的態度，正說明了他們不願意去了解公司的動機。

這種奇怪的態度，多半與中階主管的眼光不夠長遠有關。他們認為，在公司這個體制之下，所有事情都是有系統地進行著，每個職位的人各自負責不同的工作，技術方面的問題是中階主管的工作範疇，但是關於公司經營方面的事情就與他們無關了，他們不相信自己有足夠的專業判斷力，再者，他們也不認為自己應該有必要學習這方面的能力，因為那是高階主管們的工作權責。

在我的研究對象中，除了四個較成功的公司之外，每一個問題重重的企業普遍存在著一個邏輯，那就是高階主管們應該小心規劃公司的經營策略，而中階主管們則負責實際的運作。基本上，這樣的差別十分符合史隆（Alfred Sloan）在創立官僚體制時所做的責任區分。這麼一個簡單的原則，就可以將所有員工組織起來，並且確保所有的事物都按照規則進行，能讓公司的運作順利無礙。

一旦這個規則遭到破壞，必然會引起人們的驚慌恐懼及憤怒之情，如之前所見的例子，高階主管們過度干涉中階主管的工作範圍時，就會導致上述的結果。不過，當中階主管被迫介入高階主管的工作時，中階主管自己也會感到非常苦惱，因為會發生這樣的事情，只能證明老闆根本就不知道自己在做什麼，這種想法總是讓中階主管們擔心

害怕：

    我說：「告訴我們公司的轉型計畫，讓我們
先做好準備。但是，最讓人擔心的是：有時候我
會覺得公司根本就沒有這樣的計畫。」

　　請注意他們說的是「告訴我們公司的計畫」，而不
是「讓我們一起為公司擬訂計畫」。更確切地說，不論
在理論上或實務上，中階主管們都非常排斥後者這種概
念。

　　高階主管的存在，也加強了中階主管這種劃地自限的
心態。雖然高階主管們用盡各種方法，試圖讓中階主管們
了解公司的營運政策，但是他們卻也在無意間使得中階主
管們不願意跨出自己的腳步，之所以會有這種影響，往往
是因為高階主管為了維持使公司團結一致的忠誠，不得不
設法掩飾殘酷的事實，以安定部屬們的心情。

　　在前一個例子當中的核心人物─工廠經理藍道夫，就
是這種矛盾情結的最佳佐證。一方面，他不斷強調公司與
員工相互了解的重要性，而且也對自己努力達成這個目標
頗感自豪，但是在另一方面，藍道夫也承認，他在和員工
們說到公司未來的轉型方向時的確有所保留。他這麼做的
理由是：他認為中階主管及其他工人們都還沒有準備好面
對這個嚴重的問題，他擔心他們無法接受這個事實。這種
不敢對部屬坦承以告的情形，同樣在其他公司中屢見不
鮮，這也就不難理解為什麼高階主管們所做的努力多半徒
勞無功。

　　如同人們遇到這種壓力時的反應一樣，這樣的心理模

式非常複雜難解。當人們在私底下抱怨時，心理上並不會有任何的拘束感，舉例來說，中階主管們彼此之間在抱怨上司時，通常是情緒高昂的，但是一旦他們正經起來，經過一番深謀遠慮之後，他們的態度就有所不同了。他們在上司面前通常只盡量「挑順耳的話說」，同時，他們也假定即使好聽的部分不太多，上司也一定能了解是怎麼一回事；但是當他們必須公開說出自己的想法，或與上司爭論政策問題時，情況就完全不同了，在這種情況下，中階主管們的反應往往極度恐慌，彷彿要是讓上司知道他們的想法，自己的世界就會因此而崩潰。

這種心態透露了處於危機的官僚倫理。要想維持官僚體制當中那種傳統的階級分際，對上司和下屬而言都是很大的壓力。無論人們認為良性溝通對公司的營運有多麼重要，要是無法突破這種種心理障礙，公司與員工之間是不可能達到真正的交流。

如今這種缺乏公開交流的情況，已經形成一種潛在的危機，因為企業整個體制的結構基礎都面臨外界的抨擊，能夠讓主管工作順利進行的人脈關係、維持公司與員工之間長期互信的安全感、讓公司計畫有系統運行下去的忠誠…一切曾經是舊秩序中心的價值觀，現在都已經蕩然無存了，然而，人們還不願意面對所有的轉變。

就某種意義而言，忠誠本身的意義就代表著某些事情是沒有討論餘地的，只要企業存在著，忠誠也必然會延續下去，同樣的，經營策略的規劃及實際運作也永遠會是壁壘分明的。如果人們對兩者之間的區分產生質疑，也就是

公然攻擊高層主管的辦事能力，這會造成整個結構的分崩離析。這就是人們始終擔心害怕，甚至會產生如此矛盾行為的原因。

唯一能夠突破這層心理障礙的辦法，就是將重點放在每個人所能做到的事情，讓人們熱切地期望高階主管們能夠將每個人的工作整合為一。

> 他們說，我們將會成為產業中極具競爭力的公司，我有信心我們公司一定可以達成這個目標。

結語

談到員工自治會在利可公司所引起的一連串緊張情勢，某位主管做了個很好的註解：

> 這種員工參與管理的經營方式畢竟還需要一些限制…即使我為了大家的福利而冒險，至少我知道我的底線在哪裡。

所謂的「底線」可以由兩方面來解釋：有了這樣的底線，員工們就不會公然提出與公司利益衝突的要求，無論這個問題是基於員工個人或團體的需求，忠誠會驅使員工們臣服於公司組織之下。除此之外，這樣的底線也可以讓人們在批評公司的經營策略時有所節制。

這兩種限制同時也是對員工與企業的雙重保障，員工們的職責就是盡可能做好自己的工作，而企業則相對地，

必須負責確保員工的工作權。如果公司要求員工作出額外的個人承諾，那麼人們也無法專注於工作上。同樣的，員工們若是質疑公司的營運政策，也就等於懷疑公司是否有能力提供員工們所需要的安全感。如果勞資雙方都不肯讓步，那麼彼此之間的關係恐怕就會因為缺乏共識而變質。

總而言之，整個事件的前因後果，都歸咎於公司變化的步調過於迅速，以至於勞資雙方失去了共同討論的餘地，在這種情況下，溝通當然徒勞無功。此外，利可公司及其它發生類似情況的公司，也證明了人們心中的心理障礙的確牢不可破，即使企業為了達到更好的溝通而費盡心思，恐怕也無法突破人們的心防。

結果顯然自相矛盾：員工們雖然忠於公司，卻寧可對公司的經營理念保持沉默，也就是說，中階主管們雖然對上司的決定抱怨連連，但還謹守著對公司的忠誠。這種矛盾的情形之所以存在於企業中，就是因為中階主管們這種消極、得過且過的心態，他們仍然固執地相信，只要將來公司能夠回到過去那種安逸的景況，那麼現在所遭受的痛苦都不足掛齒。

然而，即使表面上看似風平浪靜，這種矛盾的情況終究是一個隱憂，它的存在，象徵企業唯有付出昂貴的代價，才能保有人們對公司的忠誠。事實上，最重要的問題並非仰賴知識與討論就可以做出決定，因此人們試圖「解放」公司的舉動才會不斷遭受挫折。

6.

忠誠主義的桎梏

　　雖然在前幾章中，本書討論的重點大都集中在納得、格拉弗及利可等三家企業所面臨的問題，不過另外七家企業大多也有類似的經驗。企業在轉型的過程中，經常會發生許多不同的狀況。在我的研究中，十個傳統企業所遭遇到的危機就屬於其中的一種。在公司首度面臨裁員風波之際，許多中階主管們也都產生了許多痛苦與憤怒的情緒，納得企業爆發的狀況就是典型的代表。很快地，大家的情緒會由起初的激動、憤慨轉變為認命、消極。因此，在大部分的公司裡，主管們即使對工作並不熱衷，但至少還願意接受事實，沒有人表現出違抗公司的舉動，而且大多數的人還十分盡責地工作。

　　一般人都認為，公司所提供的保障是使人們願意忠於

公司的必要條件，因此，我十分訝異大部分主管們在公司裁員、工作不再有保障的情況之下，還十分效忠於自己的公司，他們不但沒有因此而反抗，甚至對於公司的轉變也默然接受。不過，這並不代表人們對這種突如其來的變化一點怨言也沒有，更不用說大家心裡油然而生的恐懼感了。但是，儘管中階主管們有許多不滿，他們加倍地努力工作，而且還願意與公司一起共渡難關。

　　　　我到現在還對公司忠心不二，因為打從一開始，我就是這樣子過來的，我一向盡全力為公司做事，已經很難改變了。我的家人和我自己一直都是抱持著這樣的工作態度待在 GM 公司的。

　　然而，問題在於公司並沒有因為中階主管們的努力而蒸蒸日上，人們反而因此顯得愈來愈消極、冷漠，將所有的精神完全投注在自己份內的工作上、失去了與公司全體溝通的能力。這是明顯的自我保護心態：他們不願意接受現實、避免提起公事上的困難之處、總是將公司遇到的問題簡化，並且逃避未來在工作上可能出現的問題。結果，中階主管們變得愈來愈消極被動，無法正視他們面臨的重要改變，因而不知如何自處於這種多變的環境之下。

　　我們應該從悲觀、或樂觀的角度來看待這樣的情況呢？起初，當我在進行這些訪談的同時，我的想法是非常積極樂觀的，我認為，雖然大環境的變遷使這些中階主管們居於劣勢，但他們並沒有像我想像的那麼憤怒和悲觀，因此，我曾經一度認為忠誠可以減緩裁員風波所造成的負面影響，並且能夠有效地保障中階主管們的地位。

但是經過一段時間的觀察研究之後，我慢慢發現，在那些中階主管所表現出來的態度背後隱藏著十分複雜的情緒，他們雖然沒有明顯地抗拒公司的轉變，卻也不願意樂見其成。企業內的高層領袖和中階主管們都十分致力於維持員工對公司的忠誠，但是若要使人人願意對公司忠心耿耿，他們就不得不有所隱瞞，以減緩事實對他們造成的的衝擊，這麼做所造成的後果是：

⊙ 員工們愈來愈感到困惑：人們能夠察覺公司的說法與他們所經歷到的事實並不一致。
⊙ 高層主管與中階主管之間的鴻溝加深：由於高層主管們對公司正在進行的長期改革有較多的認識與了解，因此他們會以不同的思考模式來決定公司的事情，但是這麼做常使中階主管們覺得上司做事情根本不按牌理出牌！
⊙ 中階主管在摸不清頭緒的情況下，只能夠把工作重心放在眼前看得到的事情上，因此變得愈來愈短視近利，而不顧公司整體長遠的利益與發展。

事實上，員工個人與公司兩方面都極力希望能夠維持傳統的主顧關係。對個人而言，彼此互信的團體意識可以讓他們對公司產生認同感，舉例來說，許多現在為IBM、GM或Pitney-Bowes公司工作的人，他們的父執輩過去也都是這些公司的員工，這樣的關係常常讓人們感覺到自己與公司是一體的，而且人們的生活與對未來的期望都和公司息息相關，一旦這種密不可分的關係消失了，他們對公

司的認同感也就蕩然無存。對公司而言，只要員工們願意效忠於公司，那麼他們就會覺得即使爲公司犧牲付出也在所不惜，因此也絕對願意遵守公司的規定、配合公司的各項政策，如果有必要的話，他們也不排斥留在公司開夜車。對個人與公司雙方面來說，彼此都不希望背叛這樣的關係。

簡而言之，在我的調查中，絕大多數的公司似乎都受制於員工的忠誠。過去忠誠在官僚體制中，原本是員工與公司之間互信互助的基礎，如今在公司面臨改革之際，它卻可能成爲一大阻力。

企業忠誠降低的主因

在我的研究當中，十家傳統企業用盡了各種方法，以解決公司問題叢生的情況，但是沒有一個方式能夠使他們的困擾迎刃而解。並不是每一家公司的表現都不理想，但是所有企業的營運狀況都無法與目前的經濟環境相抗衡。

近年來，逐漸破壞企業組織的兩股力量就是，持續不斷的環境變遷與企業內部的歧見，從過去到現在，這兩股力量始終對人們的團結造成威脅，使人們更難同心協力。就如傳統的社會型態一般，過去的企業一向奠基於公司整體的表現，人們願意共同合作，一方面是因爲知道自己能夠勝任公司裡的工作，另一方面也因爲這樣的合作關係將會不斷的延續下去，他們知道違反這個規則模式的人必定會遭受挫折。

所謂的「勝任」不僅是指客觀的事實，同時也是一項心理特質。一個穩定可靠的團體表示在這個體制當中，不同「定位」的人各自有不同的本分，如同我們在第五章所提到的，企業裡有許多嚴格的規範，例如員工不應該質疑上司在公司營運方面所採取的經營策略、職務不同的人也不該質疑自己專業能力以外的事情。要想改變這些規範，必定很容易引起不安與恐慌，在基層員工之間尤其如此。

過去企業堅持以實力與組織的力量抵制環境的變遷、化解內部的歧見，試圖在公司中營造出彼此忠誠的共識，如今卻已經無能為力了。當劇烈的變遷打亂了中階主管們的生活時，所有的秩序規範都崩潰了，在公司裡，人人只顧自掃門前雪：通常在技術與客戶問題方面，部屬比主管更瞭若指掌，此外，要解決一個牽連甚廣的問題時，往往必須借重各部門的專業知識，過去用以維繫所有人、事、物的穩定關係與義務感如今都起不了作用：

> 當人們對公司不再忠心、年輕的員工一個接著一個離開公司、而老員工不斷調動職務時，人們就更難把工作做好了。有好幾次，當我想要中斷某些交易時，他們對我說：「可以啊！但是等到公司必須為此付出代價時，說不定你已經不在了！」

許多對公司忠心耿耿的人擔心，如果公司裡的每件事情都得公開討論，那麼恐怕會造成一團混亂。基本上，會有這種觀念的人大都認為，要把事情做好，大部分的細節

是不需要人盡皆知的。舉例來說，如果基層主管們可以公開質疑上司的辦事方式，那麼要到什麼時候才可以把事情做完？而且到底應該由誰來做決定？如同我們之前看到的，利可公司的主管們就是因為這樣的顧慮而不願意將自己私底下對公司的疑慮透明化。

如果企業決定以「不斷追求進步」作為公司的經營策略，那麼問題就更嚴重了。此時的困難不只因為週遭的危機而起，即使在穩定的市場中，人們也得面對環境不斷變遷所造成的壓力。當人們根本不知道明天將和誰一起工作時，似乎也很難激發彼此互助互信的原動力。

現在再加進「內部歧見」這個考量因素。「內部歧見」的特點在於：公司裡有許許多多的份子，彼此之間的差異大得讓人不知道該信任別人到何種程度，而且每個人都堅持自己是與眾不同的個體，不願意被別人同化，也就是說，愈來愈多的女性、少數民族、同性戀者、殘障者及其他特殊人士要求大家認同、並且接受他們為社會的一份子，因此，當公司的要求與這些人所關心的事物產生衝突時，沒有人知道他們會選擇順從公司的要求、或堅持忠於自己的信念。

在這些力量逐漸鯨吞蠶食傳統互信基礎的情況下，莫怪人們愈來愈渴望能夠獨立自主、寧可靠自己的能力單打獨鬥；或者希望上司能夠清楚交代每一件工作，避免必須與別人共事。

在這些危機不斷的傳統企業中，有許多跡象顯示了他們根本無法與別人對抗，即使目前他們暫時能夠維持既有

的地位，要是沒有突破性的發展，這樣的局面終究無法持續下去。

這些企業當前面臨的危機就是，他們只能靠著加倍努力來暫時紓解公司的窘境。舉例來說，管理部門的工作量明顯增加許多，這些公司裡的受訪對象幾乎都表示，在裁員行動之後，自己的工作量比以前多了好幾倍：

> 「公司在沒有經過審慎的事前評估之下解僱了 25% 的員工，現在公司裡的人手嚴重不足，我們只能用更少人力來完成相同的工作量。」

> 「我想我們這個部門承受了非常沉重的工作壓力，但是管理部門的人根本無從體會，總經理和他的部屬們也不了解我們的感受。這裡的職員們都很苦惱，但是大家都很熱愛自己的工作，從來不願意承認自己的痛苦。」

此外，人們渴望獨立自主的結果，往往是造成了孤立與孤單；即使是支持公司轉型的人，也有這樣的感覺。

> 在工作上，我非常懂得鞭策自己，這也是驅使我不斷工作的原動力。我只希望能把手上的專案做得盡善盡美，但是過程實在非常孤單，而且充滿挫折感，只有我自己在乎我的工作…這是個絕佳的挑戰機會，但是也很令人害怕，我備感壓力。

毫無疑問的，在面臨危機的傳統企業裡，員工遭受的壓力確實相當沉重。對大多數的人而言，至少有一部份的

第六章　忠誠主義的桎梏

壓力是有建設性的，它不但有助於公司的成功，也代表了獨立自主的新工作態度。然而，在缺乏團隊互助的情況下，人們能夠承受這樣的壓力到什麼程度？這仍然是一個值得探討的問題。如果體制內並沒有聯合作業的機制，那麼人們私底下的合作關係，就可能會在不知不覺中為官僚體制結構推波助瀾。

隨著種種跡象顯示，企業無法掌握改組過程中所需要的管理模式，也有證據證明，即使在企業縮編的階段，還有許多因素使官僚體制日益盛行。舉例來說，經過深入觀察之後，我發現，企業內部裁減工作層級的措施，只不過是虛晃一招罷了：原先遭到淘汰的舊職只要換個新稱呼就可以敗部復活了。至少在兩個案例中，主管十分明白地告訴我，他們必須再變出原來的那些職位，好讓部屬們有努力工作的目標，也好彌補階級制度裡被裁撤了的空缺。換句話說，在工作模式不變的情況下，主管們必須額外承受許多回覆舊型態的壓力。

最後，還有一個更嚴重的問題：即使工作模式可以恢復常規，以理性為出發點的獨立工作模式，是否足以支持整個公司的營運？這也是十分值得商榷的。如果之前對管理法則的功能分析得沒錯，單打獨鬥的工作模式將會使企業經營更形僵化、無法適時地因應環境的變化。企業在經過重整之後，由於新管理方式有益於公司的發展，因此公司將會在此模式下運作一段時間；但是一旦情況有所變動，那麼公司的結構也必須隨著調整以因應之。如果中階主管們只顧完成自己的工作，那麼他們就無法改變自己與

公司之間的關係—他們還會沿襲過去的工作習慣、被動地等著別人告訴他們該何去何從，結果只會導致公司動輒重新改組，無法透過中級管理部門而逐漸做出有計畫的改善。

這樣的情形的確經常出現在舊制度已經瓦解、新措施卻無以為繼的企業中：這也就是高階主管與中階主管之間衝突的導火線。如同之前所提及的，納得企業的管理模式就是由中央集權轉變為地方分權，接著再度回復到中央集權；同樣地，利可公司也做了一連串的重大改革，而JVC、Hardin、格拉弗、費克斯及艾蒙等企業的情況也都相去不遠。在這些企業中，中階主管們都覺得這些激烈的變化就和高階主管們的命令一樣，毫無道理可循：

> 這些行動中有太多偏頗之處了，是彼得斯和華特曼說我們應該這麼做的，但是高層主管們只是為行動而行動，根本不知道自己在做什麼，這些新人太急躁了，他們只想改變現狀，他們的行動哲學只會製造出一堆唯命是從的「機器人」。

簡而言之，目前的企業根本無法趕上外界聲聲催促的腳步。

企業忠誠的動態性

連續性的變化或改善，以及愈來愈多的多變性，這兩種並存的發展似乎無可避免，它們也和忠誠這種價值觀相

互矛盾。忠誠有助於人們的穩定性及服從觀，但是現在企業需要的卻是改變與創新。

問題在於，這樣改變的動力是如何運作的？為什麼人們堅持對企業的忠誠，結果卻失去了應變的能力呢？這個問題非關合理性：人們並非蓄意抗拒改變，而且大部分的中階主管都相信，自己每天奔波忙碌為的是公司的利益。

首先，我必須再次強調，中階主管並不是完全理性、服從的「企業代表」：他們並不是抱持著「告訴我該做什麼，只要對我有好處，我會全力以赴」的工作態度，相反的，他們經常為了公司的利益而不依規矩行事，通常這麼做對中階主管們是比較有利的，因為他們將自己的聰明才智運用在對公司有益的公事上；事實上，所謂忠誠就是這麼一回事，而這也就是企業界設法激發員工忠誠的原因。有時候，這麼做也有不好的一面，因為中階主管們可能並不了解公司真正需要的幫助是什麼。簡而言之，中階主管的舉動往往是基於他們認為對公司有幫助的事情，由於對公司的認同感，他們願意為公司的前途而努力；按照他們自己的定義來說，他們是以自己所認同的對象來決定自己所做的事，只要是有利於公司的事情，他們都願意去做。

企業忠誠的出發點是基於人們對公司的認同感，就某方面來說，它與個人對個人的忠誠是不同的，另一方面，人們也會基於忠誠而對完成自己的任務懷有責任感。員工是與公司整體息息相關的，當公司面臨轉型的過程時，員工對公司的認同感也隨之發生變化。現在我們就試著在理

想的狀況下，追溯這種忠誠價值觀的藩籬。

充滿安全感的「大家庭」

在所有具有傳統忠誠特色的企業中，公司經常被形容為「大家庭」。在各個不同的企業裡，「大家庭」這個名詞最被常用來與新體制對照。對新體制中的人來說，這樣的比較顯然並不合理：

> 我非常忠心，但是由於我已經身受其害達十二年之久，現在的我比較希望轉行當個無約工作者，我開始了解到這裡並不是個家庭，而是商場。

在這段話中，「商場」象徵著無情、冷漠及不值得信賴；人們之所以會有這樣的感觸，其實多半是因為他們與公司之間的承諾屢遭背叛之故。

大家庭的特質是「關懷」，不論是受到關懷或關懷別人。曾經受到關心的人表示：

> 我對公司忠心不二，因為我覺得公司能滿足我一切需求。

而付出關心的人則表示：

> 「我們這裡就像個大家庭，所有人都需要領導與指揮，或許這就是我們成為主管的原因吧」

> 「主管們會竭盡全力地保護他們的員工，這

激發了員工們對公司的忠誠。」

簡單地說，這樣的公司體制就像一個籠罩在傳統保護
主義之下的大家庭，其中強者會負責保護、照顧弱者。

在這樣的體制中，中階主管的重要特質就是，必須扮
演起照顧弱者的角色，他們經常強調自己不但願意「為
員工們而戰」，也會負責員工們的發展、教育他們、並
且給予適當的指導。同時，中階主管們的上司，也是以相
同的方式對待他們，這種教育的關係幾乎只能在狹隘的階
級制度中才有發展的空間：如果你的上司都不願意照顧
你，那麼別人就更不可能理會你！

人們經常拿家庭式的倫理與商業倫理來做比較，對忠
心的人而言，「商場」幾乎是個不堪入耳的名詞，它對
那些為公司賣命的人來說，是十分冷酷的背叛。

階級制度

這般充滿保護色彩的溫情主義，為企業內的階級體制
提供了情感上的支撐力量。由於企業組織十分強大有力，
而且往往凌駕個人之上，人們可以依賴公司以獲取安全感
及穩定的認同感。對忠心人士而言，他們必須相信上司的
能力才行。換句話說，人們之所以願意遵從階級制度的工
作型態，完全是因為個人對公司的依賴感，以及公司能夠
給予員工的保護。舉例來說，人們普遍對公司給予他們的
利益心存感激。一般而言，中階主管們會認為自己並無過
人之處，只是極幸運地為公司所接受，並且成為「大家

庭」的一份子。

　　在上一章中，我曾經探討人們對上司的信賴之情，是如何導致上司與部屬之間缺乏溝通的情形，利可公司就是一個典型的寫照。在利可公司中，人們會在主管的面前表現出無知幼稚的一面：當主管不在時，他們可能就會不客氣地對公司的管理策略，以至於主管的做事方式大肆批評；當主管在場時，他們卻會感到羞愧而順從聽話。

　　員工對公司的依賴感，並非是一種封建的個人特質，大體上而言，人們是對公司這個體制有強烈的情感，而不是針對公司裡的主管們。這也就是當主管們要員工去做一些愚昧的事情時，他們覺得自己可以陽奉陰違的主要原因。員工們認為自己對整個公司的體制有責任，而且在自己的權責範疇內，他們有權利自由地表達自己的想法。他們願意做任何工作上必須做的事，而不是凡事聽候差遣。然而，員工們在公司中所負責的工作，被視為官僚制度中的一個環節，因此很難界定員工效忠的對象到底是工作本身、還是階級制度中位高權重者。人們並不想質疑上司所決定的任何管理策略或方針，同樣的，上司也不願意過於干涉部屬們的工作。人們必須相信主管們有能力管理公司裡的一切事情，否則公司這個以依賴和保護為基礎的體制就會受到威脅。

內向性

　　「大家庭」強烈的號召，在心理層面上往往也導致人們將重點移轉到自己身上，這樣的心態似乎很難根除，同時也使人們排斥外界的批評與建議。這種情況的嚴重程度不一而足，在現今這種凡事「顧客至上」的管理方式中，一般員工們很少直接反駁顧客的意見，因為他們大多急於討好顧客。但是中階主管對於外界的建議都十分難以接受。舉例來說，即使在這種證據充足的情況下，中階主管們通常還是堅持認為，自己的確做到回應顧客意見的工作。GM公司的主管們口徑一致地舉他們的產品得以成功改善的事實作為例子，而在1980年末，IBM公司們也不斷地讚許公司以客為尊的原則所帶來的成效。在這兩家企業中，客戶至上的觀念就是鞭策他們進步的原動力。

　　中階主管們以自我防禦的心態來回應外界的批評建議，任何一位提出建議的人都能夠察覺這種奇怪的心態。對中階主管們而言，在「我們對此無能為力」與「我們已經這麼做了」之間似乎就沒有其他轉圜餘地了。他們對任何旁觀者的批評建議都不屑一顧。雖然中階主管們對別人的批評，抱持兩種完全相反的反應，但是最終的結果都一樣：無論如何，他們都認為外人根本不了解真正的情況（因此也沒有立場對他們提出批評），而他們自己也不需要有所改變。

排外性

　　員工們的排外性與內向性息息相關，不過排外性的影響力更大、也更值得探討。對這些公司來說，與外來者打交道是非常困難的事情。納得企業的主管對這一點的感觸特別深，他們特別指出一些新進人員特立獨行的作風已經嚴重威脅到公司原有的和諧與忠誠；同樣的，在JVC公司裡，雖然主管們所受到的傷害應該追溯至過去的作為、而他們也因此抱持著退讓與認命的態度，但是他們還是認為外來的人是所有麻煩的罪魁禍首。

　　這兩個例子相當值得注意，因為外來者的出現的確在公司中造成不少問題。在其他公司裡，除了在行銷部門這種與公司主體較無直接關係的部門之外，大多數的員工都是由基層做起，不過偶爾也會出現例外的情形，往往也因此引起其他員工的不滿。在通用汽車公司中，自從史密斯將強森引進公司後，強森就成為其他人抱怨高層主管們時的眾矢之的，後來他也因為不堪其擾而離開公司。同樣的情形也曾經發生在 AT&T（美國電話電報公司）裡，數年前，公司延攬了一位出身 IBM 的人才，並將重整 AT&T 的任務交付給他，後來他的改革方式卻受到其他人的抵制而失敗。

　　由這幾個例子看起來，在原有的員工眼中，外來者根本不了解公司的價值與潛力。事實上，這也千真萬確，畢竟只有身為公司的一份子才能夠體會其中的專業能力與價值。在人們只對公司整體盡忠的情況下，外來者獨特的做事方式與他們為公司塑造的新氣象很難令人接受。

排外性還有另一個層面的意義：人們的排外心態不但拒外來者於千里之外，也將自己限制在原地而停滯不前。我所訪問到的幾位主管們，對公司以外的社群大多興趣缺缺，除了公司之外，他們所關心的只有自己的家庭。事實上，這一點也是激發我從事這項研究的原動力。我問到人們在工作之外還有哪些社交圈、有哪些理想以及他們最重視的人際關係是什麼，不久之後，我就放棄這些問題了，因為我從中階主管們那兒所能獲得的回應實在少得可憐。在這些主管當中，當然也有人在工作之餘；還是會參與自己的教會或其他的團體活動，但是他們對這些事務的熱情完全比不上對工作的關注。在我所訪問的這些主管之中，幾乎沒有人同時活躍於工作與其他的社交圈，因為工作上的需要，他們根本無暇兼顧公司以外的人際關係。最重要的是，大家都認為沒有什麼事情會比公事重要。

　　在這些主管當中，只有幾位加入了公司以外的專業協會或團體，當人們面臨裁員危機時，這些專業組織所能給予的幫助並不如外界所想像的那麼多。當我們談到該如何處理公司改革的問題時，沒有任何一個忠心派主管主動提及詢求這些專業組織的幫助；當我探詢他們對這個主意的意見時，只有幾個人做出回應，對大部分的主管而言，公司的危機還是要靠自己內部的人來處理，外界的人無法體會、也不可能幫得上忙。

道德正義

人們在與不屬於公司的人接觸時，總是習慣以充滿正義感的口吻為自己的公司說話。舉一個非常簡單的例子，利可公司總公司中有一位積極進取、也非常熱愛自己工作的高階主管，不久之前，某位工會主席控訴該公司種族歧視，這位主管忿忿不平地說：「如果有人指控我們公司，我就會覺得他在攻擊我的家庭。」我們的談話也就在他怒氣難消的情況下草草結束。

這種反應通常源自團體的排外性，由於公司必須靠自己的力量才能在商場上存活，因此公司的形象必須要好好維持下去，否則人們會覺得自己所託非人。有幾個人願意承認自己看走眼、入錯行呢？恐怕大多數的人都不願意這麼想吧？因此公司必須是個值得重視的團體。

不過，這麼說並不代表任何人都不敢對自己的公司提出批評建議，只不過，所有的建議都必須以公司的利益為前提才行。正因為如此，GM公司的主管們都承認他們應該要更注意產品的品質，不過，他們也再三強調自己已朝這個目標努力邁進了。他們相信品質是決定產品銷量的關鍵，也相信公司大老們會同意這個看法。當我試探性地提出：「或許你們的對手在這方面做得更好」時，他們不是堅決否認這個可能性（雖然他們也提不出有力的證明），就是變得退縮不前，只是一再強調自己已經比以前進步多了。

基於長期的主僱關係，忠心耿耿的主管們也願意將眼光放在長遠的將來，承認公司目前的營運的確一時有問

題，而且還可能更嚴重。但是他們堅決相信，不久之後一切事情都可以得到解決。

　　主管們最無法忍受有人質疑公司的公正性和價值。再以前面所舉的例子來說明：對那位高階主管而言，工會主席對利可公司的指控，簡直是暗指公司所做的事情違反了他對公司的信任，這是他無法接受的，對一個忠心的部署而言，公司必須有很高的道德價值，因此這是個毫無溝通餘地的話題。

逃避可能發生的變化

　　發生在主管階級的裁員及改革行動破壞了企業中原有「大家庭」的感覺時，也破壞了公司體制中的階級關係、親密性、排外性及正義感。在壓力影響之下，忠誠變成了人們自我保護的利器。人們不願意面對公司的變遷，如此一來可能會造成許多後遺症，不但會讓人們只注重眼前的工作，不顧長遠的發展、對競爭壓力置若罔聞，而且可能會使人們對公司中的各項革新只有三分鐘熱度，無法真正達到重新整頓公司的目標。

　　「自我保護」這個字眼是非常模糊的，旁觀者認為這是自我保護的行為，對當事人而言，卻可能是理所當然的事實。

　　當人們對發生在自己週遭的大事情置身事外時，我們可以說他的態度是自我保護；當公司出現重大的危機（如同格拉弗公司、凱芮公司、利可公司及納得企業等公

司所面臨的狀況），而主管們仍然堅持沒有問題時，這就是自我保護的徵兆；當人們信誓旦旦地說自己會向上司反映工作上發生的問題，卻一再讓機會溜走（如發生在利可公司的情形）時，就是他們自我保護的心態在作祟；當人們在處理問題時老是做些不著邊際、白費力氣的事時，我們也知道他們是在自我保護。

有些自我保護的情況十分常見，我們可以將它們歸類為典型的自我保護行為。

退化

在我訪談的對象中，許多人對公司發生的危機抱持著鴕鳥般的逃避心態。雖然這些主管們對公司還是十分忠心，但是表現的方式卻不同了：他們並非由衷地對公司的現狀感到滿意而忠於公司，而是根據過去的經驗堅信公司必定可以渡過眼前的危機。同時，有些人因此而更為退縮。其中最常見的情況就是，主管們退而將全副精神專注在自己的職責上。我曾經提過的格拉弗公司就曾經出現這樣的狀況，在這種情況下，員工們更容易感受到公司中的官僚作風：人們只管做好眼前的工作，對工作投入滿腔熱誠與心血，卻不管整個公司的大方向。

另外一個可能發生的情況則是，將對整個公司的忠誠轉移到某一個特定的團體上。這裡所指的「團體」通常並不包括公司的高層主管們，人們多半與自己的同儕或部屬之間容易培養互信互賴的忠誠。有時候這種情況是高層

主管對部屬不夠用心所造成的：「在我們六個人當中，…我們是互相扶持的。唯有彼此合作才能讓六個人生存下去，我們知道別人不可能伸出援手，所以我們不會讓彼此失望。如果有人休假時，其他人就會幫忙做他那一部份的工作。」

　　我猜想，這種轉向「小團體」發展的心態之所並不多見，是因為在公司重整的過程中，大部分的人際關係幾乎都被破壞殆盡了：不但高層人士異動頻繁，同儕團體也非常不穩固。因此，在不同的工作權責與公司整體之間也就沒有什麼讓人得以產生認同感的事情了。

　　不論是將工作熱誠投注在自己的職責，或轉移至公司的小團體中，任何一種方式都會造成一些影響：這關係到員工們付出的努力與全公司的利益，這並不表示所有的企業都不會出現這這樣的緊張情勢─畢竟每個公司裡都有所謂的「君權」，而各部門之間也難免會發生一些衝突；不過，在一些情況較好的公司中，人們甚至根本不願意嘗試了解公司所面臨的危機。

　　　　大家常有不知道下一部該怎麼做的感覺，因
　　為公司的政策每年都在改變。（凱芮公司）

　　對大多數的公司而言，這就是員工對制度最大的不滿之處，他們認為公司的經營策略已經每下愈況了。在人們只對自己所屬的小團體盡忠的情況下，自然對於公司的共識較薄弱，因此更容易出現意見分歧的狀況。

拒絕面對現實

　　另一種逃避心態往往是將公司中的變化及所有問題一律淡化，一昧相信公司在經歷一段渾沌不明的非常時期之後，自然會回復常態。以格拉弗公司為例，該公司所面臨的經營危機嚴重之程度，任何人都可以看出主管們言談之間那種濃厚的自我保護色彩及討避現實的心態。他們的態度讓人覺得那裡的主管似乎都沒有受到裁員風波的影響，這種情形在利可公司也特別明顯。此外，就連在當時遭受嚴重經營危機的 GM 公司裡，主管們也都抱持著令人吃驚的樂觀態度、相信公司所遭遇的問題總會有峰迴路轉的一天。

　　這種逃避問題的態度，無疑地曝露出人們自相矛盾的心態。我經常問起受訪者的生涯規劃：是否希望終生待在同一家公司、生涯規劃在裁員風波之後是否有所改變等。在我所得到的答覆中，大部分的主管都表示，希望能夠繼續留在原來的工作崗位上，尤其四十歲以上的人更是有此打算。同時，我發現很少人考慮到公司目前的重組會有什麼長遠的影響，這也就是實際採訪的好處之一：當我更深入問題核心時，他們都同意或許自己忽略了眼前十分嚴重的問題，那就是他們的工作機會與保障已漸漸減少了。對於自己忽略了這麼重要的問題，這些主管的解釋是：他們會繼續堅守崗位，畢竟他們已經在公司中經歷過那麼多風風雨雨了。

　　並不是所有的主管都消極地逃避現實問題，有許多人已經開始另尋出路，他們大多承認自己現在比以前更想離

開公司。事實上，幾乎所有的主管都希望辭去目前的工作，而他們也希望一切問題在不久之後就可以圓滿地落幕。

主僱關係的變化似乎已經是無法避免的問題，而且對主管們的人生也將有重大的影響，逃避這個問題唯一的方法就是完全置之不理一而大部分的主管的確也這麼做！

伴隨而來的改善一「徹底改造官僚制度」

前面所說的逃避問題或自我保護的心態，都是源自人們對公司變化避之唯恐不及的心理，不過，另外一種心態確是坦然地面對變化，以降低它的影響力。面對環境的變遷，最積極的態度就是專注在公司的進步上，包括體制更緊密、規定更明確等。我之所以將這種反應歸類為另一種形式的自我保護，是因為這種行為模式的目標還是維持現狀，而不是接受公司的改變。

在我的研究中，十個危機不斷的傳統企業裡大多數的員工似乎都在尋求官僚制度的基本原則，也就是對工作內容的釐清及更有力的領導能力。在第四章，我已經對人們既渴望自主權、又希望公司能探中央集權的矛盾心態做了一些描述：

> 我們希望人人在自己的工作範圍內能有完全的責任，我已經完成我自己應盡的義務了。

人們對自主權的渴望，是官僚體制的一大特色：官僚倫理的最高原則就是「讓我做好自己的工作」。一般而

言，這是因為人們希望能把公司體制組織得更有條不紊：

> 我們公司現在愈來愈要求基本的工作了，現
> 在的員工們都對預算沒什麼概念，以前我們在這
> 方面是出了名的優秀，我們對每一分錢都控制得
> 很好。現在不是這樣，公司的規模變大，體制也
> 愈來愈鬆散。不過，我們現在又開始控制預算
> 了，激烈的生意競爭逼得我們不得不再評估公司
> 的預算控制，並且好好地研究。

如此審慎的評估，使人們覺得裁撤中階主管人數是節
省公司開銷的好方法。大多數的人都認為，中階管理階層
有太多尸位素餐的人，需要大大地整頓一番。我經常問
道：「你認為中級管理階層會不會被淘汰掉呢？」大部
分的回答都和納得企業某位主管所說的如出一轍：

> 我相信公司未來的規模會更小、更精簡。五
> 年後，公司裡的員工人數大約會比現在少三分之
> 一，辦起事情來會更有效率。

或者如另一位 JVC 公司主管所說的：

> 中級管理階層會不會被淘汰？公司需要的人
> 手可能會有增無減，但是中階管理部門是無可取
> 代的，沒有人可以代替他們的功能。

一般而言，大多數的人都認為適度的裁減中階主管人
數，有益於公司發展的。許多人抱怨公司中出現愈來愈多
毫無實質幫助的職位，因而拖累了自己辦事的效率，並增
加許多管理上的麻煩。這些主管並不是只想保護自己或讓

公司維持現狀，他們希望讓公司變得更好。然而，他們所指的「進步」，也更強烈地象徵著對過去的肯定。

就面對改變的角度而言，這樣的推論是十分模糊的。

一方面，人們對公司的信任感，足以讓他們願意支持可能對自己有害的理念，這就是忠誠的力量。而在另一方面，他們所贊同的理念卻傾向於保持現存體制的功能，在公司急需有一番新氣象時，忠誠的缺點就暴露出來了。

改變的極限

以上種種在主管們面臨公司變革時可能產生的心理反應，也相對的縮小了變化的幅度。值得注意的是，忠誠較高的公司對環境變遷似乎有不同的適應性。在某種限度之內，他們的主管可以接受任何變化，但是一旦超出這個限度，他們就會強烈地反彈。舉例來說，GM公司推出的全新車款試圖以量身訂做的創新手法來打破該公司以往的慣例，吸引更廣大的客戶層。然而，這種突如其來的改變似乎完全不可行。同樣地，在IBM公司首位非華森家族出身的CEO，也公開表達了他無力改變公司現狀的挫折感。

究竟是什麼因素造成這些極限呢？

忠誠與企業認同感

每一個面臨危機的傳統企業，似乎都背負著一個沉重的歷史包袱，而那往往也就是員工們認同於公司的主要因

素。換句話說，這些公司裡都有著所謂的「強烈的企業特質」。許多學者認為，這樣的企業文化能夠為公司營造出互信互助的工作環境與風氣，因此對之十分推崇。但是，他們忽略的一點是：這樣的企業文化也可能會演變成一股保守不前的力量。

有幾種方式可以建立對團體的強烈認同感，其中最簡單的方式或許就是，認同於團體的某一個人，也就是在該團體當中最受人尊敬的創始人。IBM公司就是這樣的團體。IBM創始人湯姆斯華森（Thomas Watson）及其子孫的豐功偉業，至今仍深植於IBM員工的心目中，而他們的所作所為在現在的IBM公司中，也都是主管們的楷模典範。因此，我們或許可以間接推論：對IBM公司前兩任非華森家族的CEO而言，即使他們非常努力地試圖改變公司裡的工作風氣，但是歷任華森家族總裁們的功績，還是他們在管理上難以突破的一大障礙。

在我研究的幾個公司中，歷史背景複雜的程度比起IBM公司有過之而不及。以美國電話電報公司來說，它的歷史故事就足以傳誦多時－他們認為公司能夠提供一切員工所需的事物，因此，當後來的負責人試圖將公司改變得更有效率時，他的理念就常與員工們認同的公司形象互相牴觸。

GM公司是另一典型的大企業，員工們對公司的認同感是基於公司所出產的商品，也就是說，要想從根本上顛覆傳統的商品、推出新的賣點，根本是一件鋌而走險的大膽舉動。許多GM公司的主管們本身偏愛的並不是GM汽

車，而是Chevys或福斯汽車，因此對同型車款有強烈的偏好。他們對這些汽車款式的喜好有著很深的情感因素：

公司以為可以為自己設計一款獨特的車型，然後實際地製造出來，但是他們錯了。車子是有個性的，他們也有不同的遺傳基因，必須要有人延續這些基因才行。我希望我的車子就像我的老婆一樣，它是我的家人、我的一部份。人不能同時擁有兩輛車，就像老婆只能有一個一樣。

人們之所以不再忠心，是因為他們失去了認同感—也就是說，他們失去了對Chevy或龐蒂克或任何一種車款的認同感。

如果你對車子有強烈的認同感，那麼你就不太可能會把車子當作「買賣」來對待。從你對東西的認同感，就可以看出你是什麼樣的人，甚至於，你也會以別人認同的東西來評斷是否該信任此人。也就因為如此，對忠於公司的人而言，車子當作「買賣」往往是不忠的表現，也因而讓他們大為光火：

這個社會已經變了，在我們的職員中，有人在公司已經待了很長的時間，可是竟然去買敵人製造的產品！這簡直快把我給氣死了！不用說，我一向認為那些東西只有在拍賣時才會有人買：我對那些人的品味實在感到懷疑。

像這樣對公司產品強烈的認同感，往往使產品的革新計劃受到阻礙，在格拉弗公司與GM公司中都有很明顯的

  新白領階級

例證，當這幾家公司的高層主管重新整頓過時的汽車部門，以追求更高的市場銷售率時，公司內部的反對聲浪四起。這種型態的忠誠，往往是公司產品在市場適應上無法突破的瓶頸。同時，它似乎也是這些公司在 1970 年以後無法趕上市場汰舊換新潮流而失敗的重要因素。

對聯合作業小組的抗拒

　　忠誠對某一種合作模式特別有幫助，那就是人們在私底下互相幫忙時。員工的穩定性及他們對公司的向心力，對於維持私人情誼十分有幫助。但是由於在正式的小組編制中，如果沒有特定的領導者，那麼人們對公司的忠誠可能反而成為工作上的絆腳石。

　　因此，忠心派主管們一向非常懷疑近十年來蔚為流行的「聯合作業」所能發揮的效力。隨著中階管理部門的縮編，這種跨部門專案小組、擁有各方面人力，以解決不同專案的工作模式也逐漸興起。就某方面而言，這種工作型態之盛行可視為有效運用人力資源的方式；此外，我們也可以說，它是為了因應更多的需求與問題而產生的解決方案。

　　事實上，我所研究的所有公司，幾乎都沿用了這種以小組團隊為主的工作模式，並且充分授與工作職權。在那些面臨危機的傳統企業中，對中階主管而言，「充分授權」這個說法簡直就代表了一團混亂，這些主管們一致認為，這種創新的工作型態只會因為沒有人發號施令而顯

得沒有效率。由於團隊小組中的成員彼此之間並沒有明確的等級之分，因此，可能會產生意見不一致的問題，某位格拉弗公司的職員就說：

> 在我上一個工作中⋯我跟每個人都無法達成共識，所以也做不了決定。而在我現在的工作崗位上，我卻搞不清楚自己到底該做什麼樣的決定。行銷部門有權為產品規格下定義嗎？公司裡根本沒有人可以給我解答。我寧可有更多的自主權，而不是和別人取得共識。

對這些公司裡的中階主管們來說，只要公司是在確定每個人職責範圍的前提之下「充分授權」給每一個職員，那就沒有什麼問題了；他們也很高興上司不再掌控他們的一切舉動，而且也相信自己應該讓部屬們享有相同的自主權。讓他們感到極端不妥的事情是，公司讓每個人有充分的決定權，卻導致個人責任與角色的混淆，或造成群龍無首的局面。他們希望知道自己的職責是什麼，該怎麼做才能化解工作上的糾紛。

彈性化的小組作業方式，也對忠心耿耿的主管們造成一大考驗：他們再也不確定誰會負責照顧他們了。傳統的工作模式之所以能夠奏效，是因為在階級體制中，老闆就是公司的支柱，當部屬遇到困難時，一個好的老闆會傾聽、並且幫助他們解決工作上的困難；他會提出自己對專業規劃的建議，而且會保護他的員工們。有力的領導者會將他的部屬組織成一個溫馨的「大家庭」，而忠心的主管們則會視上司為成功之鑰。但是，一旦人們身為許多不

同團隊的一員時，他們與上司之間的互動關係就顯得較為薄弱。同時擁有許多位上司，也就代表著沒有人是真正的保護者，因為在團隊小組中，人與人之間完全是因相同的工作目標而維繫著彼此之間的關係，沒有人會特別照顧其他的小組成員。

這些理由不全然是人們不認同小組作業方式的原因：如同我們所知的，在一些企業中，員工們非常樂意做出一致的決定，而且也工作得十分順利。但是這些企業並不是忠誠特別高的幾家公司，對階級制度的服從性也比較薄弱。

主管階級的忠誠個案研究

在這一節，我想讓一個人為自己提出辯護。到目前為止，我都是將許多人的意見整合在一起，成為比較具體的概念；而現在我所節錄的則是單一受訪者的所有評論，以及這些評論在我的研究中所呈現的結果。

賴克斯在利可公司裡擔任的是三級主管，他的職位比基層經理人員高出兩級。我以賴克斯做代表，是因為他的情形綜合了許多我所描述過的問題，包括：

◉ 在裁員風波之後，他對公司仍然十分忠心，而現在他在長期的壓力折磨之下，將工作的重心轉移到更小的範圍上，而且不斷希望公司能回到過去的景象。

- 認爲努力工作，就能從公司獲取相對的回報。
- 對公司仍然十分依賴。
- 既渴望上司能夠詳盡告知公司未來轉型的方向、並且給他明確的指示，又希望公司的改變不會太大。
- 對無止盡的變化，感到茫然失措。對自己該做的事情感到迷惑，也不了解上司的目標爲何。
- 支持傳統的官僚體制，極欲擺脫大企業裡那些不必要的「權謀般」的統治方式。
- 對小組作業的工作方式感到懷疑、無法適應。
- 堅決認爲，中階主管必須負責訓練、管教及保護部屬，還要排解員工之間的糾紛。總而言之，就是要「好好照顧自己的員工」。
- 只對自己的工作崗位有熱誠，不太願意接觸其它如行銷方面的業務。
- 不願意破壞傳統社會中的互助精神，拒絕變成唯利是圖的生意人。

　　利可公司十分樂於嘗試採用分工合作及自主性團隊的工作體制，以減少上級的監督和管理。賴克斯特別注意其中一個由六位比他低一級的主管們組成的小組，這個小組以自治的方式工作了一年以上，當他提到那個「六人小組」時，所指的就是這個工作團隊。

　　我和賴克斯一開始是談到最近公司中裁減中階主管的措施，從他的評論中可以看出，他並不了解公司這麼做的用意到底是什麼，他還是做著和以前一樣的工作，但是可

以利用的資源卻變少了：

　　　　當公司突然裁掉一個管理部門時，只是在原
　　來的負擔上雪上加霜。

Q：這種雪上加霜的情況是表現在哪些地方呢？

　　　　我覺得這種迅雷不及掩耳的作風，最大的問
　　題就是，我現在都不知道該怎麼做了，因此，我
　　試著什麼事都做，結果只是讓我自己覺得，我沒
　　辦法做我想做或能做的事情。如果這種情況繼續
　　下去，我的形象只會愈來愈糟糕。你想想看，別
　　人把事情交給我，一定就等著我達成任務，結果
　　我卻沒有讓他們滿意，久而久之，他們對我的印
　　象一定會更糟。

　接下來，他主動談起這種小組作業方式令他感到不愉
快的原因。首先，他認為，這種工作型態打破了階級體制
中人們各司其職的邏輯觀念：

　　　　說到這兒，就讓我想起那六人小組。我在利
　　可公司工作了十八年，這就是我的終身職業，我
　　從來沒有在別的公司待過，因此，我是在標準、
　　正常的公司結構中一路走過來的。對身為主管的
　　我來說，這種自我約束的工作方式是非常新潮的
　　觀念，我只覺得這種工作方式會使員工們的角色
　　錯亂，公司和主管們根本來不及決定他們該做什
　　麼。

再者，他認為，以聯合作業型態爲主的公司體制，破壞了主管們照顧員工的能力，使主管們無法適當地訓練、保護員工，以及排解員工之間的糾紛：

> 我對自治小組的看法是：如果你並沒有在自治的工作環境中待過，那麼你就會有傳統企業的歷史包袱。我相信，許多衝突都肇因於此。以我個人的看法來說，當爭議出現時，主管們往往很難決定爭執的兩方孰是孰非。身爲這些工作小組的主管，你不得不照顧這些員工們，而爲了要好好照顧員工，你就必須想法子讓雙方覺得自己和對方一樣重要。這就是衝突的起源了。在公司遭逢裁員危機時，這種衝突特別明顯。

> 因此，一旦公司中的自治小組出現爭議，沒有人可以出面調停、傾聽雙方的意見、然後說：「好了！我已經聽過你們兩方面的說法了。我認爲你們應該這麼做…」「你們都是大孩子了，可以自己解決這些問題。」這種安慰人心、平息紛爭的方式其實非常荒謬，如果這些人可以自己解決，那麼一開始又怎麼會有爭議呢？

請注意上一段描述中領導者所扮演的權威角色：

> 我最喜歡的，就是金字塔式的階級制度，因爲我自己就是在這種體制中一路走來的，以專業的角度來說，我是在那種環境下茁壯成長的。正如主管們必須在員工的互動關係中扮演照顧者的

角色，也有人必須負擔起觀察者的責任、適時對員工說：「山姆，你該去進修一些財務及商業研究方面的課程了！」這也就是我認為自治小組不足以成事的原因。的確，自治小組可以發揮他們的基本效用，而且，以顧客的觀點來看，他們的辦事能力真的很好。但是他們真的能以最有效率的方式達成任務嗎？我對這一點真的感到非常懷疑。

接下來，我提起公司轉型為市場導向的問題，賴克斯對這樣的話題十分抗拒。起初，他推說那並不是他的專業領域，接著，在我進一步追問之下，他開始質疑以市場為導向的價值何在。雖然賴克斯似乎可以接受這是現代生活不可避免的事實，但是他並不喜歡這樣的轉變，因為這麼做等於是背棄了傳統體制。

Q：我想談談另外一個主題。我認為現在的趨勢是主張企業應該以市場為導向，而不是獨重技術層面的發展。你的看法如何呢？

我對這個問題無法置評，我頂多只能以行政人員的身分，跟你談談我自己對自治小組的看法。老實說，在這裡工作的兩年半中，我很少接觸自己工作以外的事情。

我的職責是讓技術主管日子好過點，我們就是按照公司的規定和指示去做，把事情簡化。我們替主管們分擔一切繁瑣的小事情，讓他們好好

專注於技術層面的工作。以我目前的能力來說，我並不需要像行銷部門的人員一樣對所有的商品瞭若指掌。

Q：說到企業目前正在進行的革新，大部分的人都認為革新的方向必定是由原來的技術本位轉變為商業本位，也就是假設所有人的職務都會有些變動

我想大部分的人都會有這樣的想法…當你提到「我們必須以市場為導向」時，我不禁想到這個公司和全美國的一個共同點，那就是我們往往太斤斤計較產品銷售的情況。大家應該更關心的是，我們對股東應盡的義務，我們必須為股東們謀求利益，那才是做生意的基本要務，大家應該都要了解這一點才對。這麼做並無損於我們共同的利益，也不會減少公司的壽命，我們必須要為長遠的將來打算。我認為在過去五年來，人們對於公司對個人所能造成的影響變得格外敏感。我想大家都在努力地試圖影響公司，因為我們都不想受到公司的左右。公司可以繼續僱用我們，也可以炒我們魷魚，而我們這些被僱用的人，除了拼命爭取留在公司中的權利之外，對於自己究竟能對公司有多少影響力，我們也不知道。

接著，我們談到高階主管們在公司中所扮演的領導者角色，賴克斯再度強調：他覺得公司裡的高層幹部們對部屬干涉太多，更希望這個問題能夠得到改善，這麼一來他

們的工作效率必定會好很多。

Q ：我們來發揮一下想像力。如果有一天你可以當面和CEO談及你們的需求，你想你會提出哪些對公司有益的建議？

如果我有機會和CEO當面溝通，我會說「我不相信百分之百由員工自治的工作模式，有些事情不是投票表決就可以決定的，還是要有一個基本的原則規範才是。現在大家或許可以任意改變公司的管理制度，但是還是得注意分寸。雖然老闆授權給我們這些員工，讓我們自己管理整個公司，但是我們還是得服從老闆的命令才對。」

談到我能對公司有多大的影響力，我想最讓我感到頭痛的，應該是必須要自己去適應這突如其來的變遷，這與我剛才所說的似乎自相矛盾。但是如果有人在事前告訴我：「我們要做點改變，而且是很大的改變，這裡將會變得煥然一新。」那麼我可能比較容易接受這個事實，在有心理準備的情況下，我可以做好自我調適。但是如果你說：「我們要有所改變，至於是什麼樣的改變，船到橋頭自然直吧！」那麼我真的沒辦法接受。

不知怎麼的，賴克斯接下來所說的話似乎有些自相矛盾，他又認為在公司的轉型過程中，高層主管們太過於霸道專制了，不斷干涉中階主管們的工作。

我在工作上所遇的難關之一就是，公司裡總有些人負責處理公司營運策略的事情，而這些笨蛋們老是擔心我們會不會遵守公司那些規定。我們和那些人似乎總是無法溝通，他們老是說：「我只能…」而負責做事的人則總是嚷著：「慢著！我做這件工作已經二十年了，我不是要阻止你這麼做，但是你有沒有考慮到這些因素呢？」「不！我已經研究過這個問題，而且也擬出對策了，我對我們該做的事已經有了大概的構想，這就是我的計劃。」

　　有些時候主管們的態度應該稍微和緩一些，他們可以說：「瞧！這就是我需要你們跟我配合的地方。」我們沒什麼時間可以慢慢考慮自己該做什麼事，如果不按照上級的指示去做，只會使我們顯得很無能。我可以花上很久的時間來解釋我要你這麼做的原因，也可以和你一起討論這麼做到底好不好。不然，你就乖乖接受我的指示，在我規定的時間內完成我指定的工作，要是你沒有按時完成，我們就得花上很長的時間來檢討改進，那麼公司可能會白白錯失一次獲利的良機。

　　我問起賴克斯對官僚體制的觀感，他表示自己十分認同中央集權的官僚制度，同時也表達了他對地方分權的看法。

　　Ｑ：之前你用了一個很有趣的字眼來形容官僚主義。

你說官僚制度是因為人們搞派系之爭而起的,你認為官僚體制到底有沒有好的一面呢?

喔!沒錯。人們常常批評官僚主義的可怕之處,有時候連我自己也不例外。不過,我把官僚體制也看做是公司向上發展的基石。如果你在一個像利可公司這麼龐大的官僚體制之下做事,若發現這個體制的弊病,你就會試著去修正。我把官僚體制比喻為人體,如果我因手臂受傷而感到不舒服,那麼我只需要把受了傷的手臂給治好,而不必做全身上下都診斷一遍。要是我只為了一點小問題,而大費周章地做全身檢查,那我怎麼會有多餘的精力去工作呢?因此,就某個層面而言,官僚體制很重要。我之所以會說官僚體制是由於人們劃分界線而產生,因為人們常說:「我們公司的官僚體制比你們的好。」

Q:沒錯,那麼你是否認為官僚主義派系之爭有愈來愈白熱化的趨勢呢?

我個人認為,這是一對十四,也就是整個利可公司對十四個部門之間的問題。每個部門的人都兢兢業業地追求業績上的表現,大家都想得到主控權。你之前提到過公司縮編的問題。當這家公司開始進行縮編時,我很訝異其他公司願意容納被我們裁員的員工。當公司以重整之後的新型態重新出發時,我才了解我們該擔心的是自己,

就算我天生就是做這一行的料，那是我的事。那些人是在為我的公司做事，如果有人必須被裁員，那是他們自己的問題。

在我們的談話接近尾聲時，賴克斯和我談到忠誠的問題，他的話語中透露出他對利可公司的認同感，他不敢面對現實，只希望公司變化的腳步可以緩和下來。此外，他也表達了自己對公司的依賴，並認為像他這樣的泛泛之輩竟然能夠成為利可公司的一份子，實在是值得感恩的事情。賴克斯相信努力工作一定能夠獲得回報。同時他也很擔心一旦公司和他之間這種互信互助的默契被打破了，那麼他的人生恐怕就要崩潰了。

Q：我想再來談一些比較抽象的問題。這家公司現在正面臨了體制上及工作風氣上的轉折點，你認為在這個況下，忠誠扮演了什麼樣的角色？

這個問題很難回答，我得思考一下。在幾位主管的眼中，我是對公司忠心耿耿的，因為我一向認為公司給了我許多我需要的東西，讓我在工作上得以實現自己的理想、有更好的發展。

過去這一、兩年來，我一直認為員工們之所以對公司忠心不二，完全是因為公司能夠滿足他們在事業上的需求。對我來說，所謂的「事業」應該是指能夠讓我發揮技能、並且能幫助我更上一層樓的，而不是用官僚體制中的爾虞我詐把我限制住。我認為在公司待久了之後，許多人已經

不是在「做事業」，而是「為公司做牛做馬」。
事業和工作不同之處在於：工作到處都找得到，
或許待遇不見得會很好，但是只要肯找，不怕找
不到飯碗。而且，一旦收入達到某個水準之後，
也不是每個人都是為了賺錢而工作，如果上班沒
有樂趣可言，對我們自己、還有員工們來說都是
不公平的。

　　在利可公司上班讓我覺得很興奮的一點是，
我能有機會成為一家知名企業的一分子。我畢業
於名不見經傳的小學校，在田納西大學做了一陣
子研究之後，就進入這家公司做事了。我認為自
己和一般人沒什麼不一樣，只不過我可能比別人
多了一些幹勁罷了。由於利可公司的發展潛力雄
厚，我期望能在這裡學到各方面的經驗。因為這
是個大公司，所以必然需要有財務、技術及人事
等各方面的人才。

　　在心態上，我一向認為公司和我有著不言而
喻的默契，我期望公司能夠提供我一份事業、一
些發展的機會、以及合理的待遇和權益。相對
的，我願意為公司盡心盡力，如果我們之中任何
一方對現狀不滿，那麼我們之間的默契就不再存
在了。直到兩年前，我都還是相信我和公司之間
仍然有這樣的默契，至少在我和我的直屬上司之
間是如此。但是我不知道事情並不如我所想像

的，而這也就是我之前會說，我相信現在公司只想要員工作好自己的工作，而不是提供他們一份值得努力的事業。

公司這麼做對自己和員工都不公平，如果他們認為可以趁著現在不景氣、及工作機會難求而佔上風，結果只會造成更難以挽回的錯誤罷了。

結語

正如我所訪談過的大多數中階主管們，賴克斯盡忠的對象是過去的企業組織形象。他並不希望公司有太大的變動，並且強烈主張公司應該負起照顧所有員工的責任，這樣他們才會願意團結合作地為公司做事。「以市場為導向」這種短視近利的經營策略只會使人渙散、失去合作的力量。

賴克斯和大部分的忠心人士都相當能夠了解，公司在回到以往的狀態之前，必定會經過一陣混亂、辛苦的陣痛期，他無法接受的是，公司或許再也不會回復到過去的樣子、只能夠持續不斷地變遷。他的想法是，如果一定要有所改變，最好能先讓他知道該如何調適自己，這樣他才不至於手足無措。但是，套句他說的話：「現在的情況卻是『我們要有所改變，至於是什麼改變，船到橋頭自然直吧！』我真的沒辦法接受這樣的感覺。」

最大的問題是，現在企業經營的潮流走向正是賴克斯

所擔心的：沒有人知道目標在哪裡，頂多只有在遇到問題時才會知道自己的處境。就我所知，沒有一家大企業能夠很明確地預測出五年後的市場走向和經濟條件，大家都在尋求可轉圜的餘地。

因此，在我的研究中，大多數的主管們可以說都在設法逃避現實，他們不斷地否認公司中發生的變化，把全副精神投注在自己的工作上，不理會大環境的轉變，而且一心想回到傳統的舊秩序中。而公司中的高階主管們也只是一昧地掩飾事實，企圖減低外界變化對部屬造成的傷害，並且讓他們繼續相信公司還是會保障他們的權益，事情很快就會雨過天青了。

這樣的狀況對任何人都沒有益處。對公司來說，他們必須不斷地否認外界的變遷，這麼做顯然吃力不討好；對員工來說，對未來茫然無知的感覺也好不到哪兒去。

這些公司中的主管們還是儘可能的想為公司盡一己之力，大部分的人甚至非常滿足於現狀，但是這不過是自欺欺人罷了，他們根本不願意面對現實，也不願意體認公司所面臨的重大挑戰。公司的保護主義讓這些主管們在面對困難時，只懂得逃避現實。

最重要的是，在保護主義的薰陶之下，人們往往採取按兵不動的態度，消極地等待問題過去，而不是積極地面對未來的發展，就像凱芮公司一位主管所說的：

> 我相信情況會愈來愈糟糕，但是我不認為我們有能力改變現況，除了等待之外，我們別無他法。我們有很好的公司，也很願意遵從公司的任

何指示，但是要和上司達成共識真的非常困難。
我只能希望風水輪流轉，除了讓時間解決一切之
外，真的無計可施。

新白領階級

勞僱關係新解

7.

突破性發展：
目的共同體之建構

　　人們企圖延續傳統工作型態的結果是，導致員工與公司之間更難以化解的僵局，但是還有另一個解決這些問題的方法，這個方法並不是鼓勵企業讓員工們自由競爭，然後自然產生適者生存的結果，而是要讓所有的員工平起平坐，不分階級地一起共事。

　　我將研究中幾家企業所採行的管理模式稱為「目標一致的共同體」，意思是：員工們共同負責完成某個任務，上司與部屬之間並沒有絕對的互賴關係，在我們深入分析這個管理模式之前，我想先提一下這幾家公司的背景。

我發現有四家公司裡的中階主管們，對未來的發展非常積極樂觀，而且對自己的工作也有很大的熱誠，如果其他公司裡的苦惱是源自轉型過程中的動亂與變化，那麼我們或許會假設這四家企業所遭遇的變化最少，他們的中階主管在這波裁員風波中並沒有受到太大的衝擊。然而，事實完全相反，這些企業的改變遠比其他公司多。

　　在這幾家企業中，過去與現在最明顯的差別就是，員工們已不再期望公司能提供工作上的安全感，也不再對公司忠心耿耿。這樣的情況遠比其他公司嚴重。其中兩家公司不久之前才大幅裁撤主管階級職員，而員工們也知道未來還會再發生同樣的情況。這些企業裡的主管們，不同於其他公司主管之處在於：他們似乎一點也不認為公司總有一天會恢復正常。

　　這裡的高階主管也不指望屬下會對自己忠心，他們並不要求員工們終其一生待在目前這家公司，也不要求他們把公司的需求看得比家庭、社群、甚至於道德觀念來得重要。相對地，中階主管們通常也不會將公司視為永久的棲身之所。然而，員工們彼此之間並沒有因此而你爭我奪、各自為政。在這些公司裡的主管們，在工作上反而更加團結，同僚之間與上司下屬之間也有更強烈的信任感。

　　能把員工管理得如此成功的企業並不多，在我研究的十四家企業中，頂多只有四家能達到這樣的水準。雖然這些公司的表現在整個企業界中已經可說是出類拔萃了，但是他們的成績還遠低於對自己的期許。然而，至少他們為企業界做了很好的示範，證明主管與職員之間的互動關係

可以有更大的突破，也證明互助合作還是成功的基本要素。

　　接下來，我們要研究的這四家公司分別是亞派司、巴克雷、皇冠及德斯特，我將它們簡稱為生氣勃勃的「新企業」，與前幾章所提到那十家危機不斷的傳統企業正好形成強烈的對比。這四家新企業有幾項共同特徵：

- ⊙ 為了剷除官僚體制的常規、建立更靈活的聯合作業型態，這幾家企業都曾經歷過重大的改革，雖然他們在轉型的過程中也和其他企業一樣發生過許多波折，不過這四家公司終究實現了企業革新的目的。

- ⊙ 在這四家企業中，大多數的人都能夠接受無止盡的改變，他們十分樂意探索茫然未知的未來，而不是一心一意只想回到過去。

- ⊙ 這四家公司裡的中階主管們，對公司繁複不堪的經營策略瞭若指掌，他們不但精通產品製造流程或維修方面的專業技能，對於市場競爭及行銷方面的知識也多所涉獵。

- ⊙ 就傳統標準而言，這些公司的員工們並不是特別忠心，也就是說，他們並不冀望在同一個地方工作一輩子，對公司也沒有很強烈的認同感。在這幾家公司裡，員工的流動率似乎特別高一至少可以說這裡的主管們並不像其他視忠誠如命的主管那麼重視員工的穩定度。同時，員工們並不遵從強勢的領導。這些公司的高階主管們看起來都十分低調、溫和，很少對員工頤指氣使、或以個人力量解決公司裡的

紛爭，他們並不喜歡干預中階主管們的做事方式。

這些公司為什麼會有這樣的特色呢？在實施官僚體制之後，前面幾章討論到的那些企業反而陷入了官僚主義的圈套中，高層主管們愈是想讓公司變得煥然一新，員工們反而愈希望能夠保持現狀。然而這四家公司卻似乎能夠稍微跳脫出這樣的束縛，而我們就是要知道他們是如何辦到的。

我們知道傳統的企業忠誠能夠使員工團結合作，而這也就是官僚體制得以運作的關鍵。在這樣的體制中，信任感與忠誠是密不可分的，人們只相信能使公司進步、並且能夠長期留在公司裡的人，這種觀念讓團體生活中不可避免的權謀之術變成支撐公司的力量，而不至於演變成派系之爭而引起內鬨。

因此，這就衍生出一個問題：在對公司沒有認同感的情況下，員工如何分工合作呢？如果說這四個「頂尖」的企業在管理上的確有過人之處，那麼他們一定有另外的誘因能夠使員工們團結一致地為公司工作。我想強調的一點是：這四家企業證明了忠誠並不是企業管理的不二法則，員工的團結力量是基於共同的目標，而不是公司的歷史沿革。如果這樣的理念的確可行，那麼它不僅適用於轉型中的企業組織，也可以運用在急遽變遷的社會中。

四個生氣勃勃的新企業

這四家企業的組織型態各異其趣，沒有一家公司的體制完美無缺，各自有不同的缺點，因此，彼此可以互相借鏡。

亞派司公司大約成立於十年前，是某大企業的分支，也是該企業所有新方針的試驗對象。大企業在正式實行新政策之前，通常會先在公司的某個部門或分支先行測試，這在企業經營上是非常普遍的策略，例如通用汽車及IBM在加拿大的分公司、漢尼威的民航機部門等都具有相同的功能。

當亞派司的母公司面臨十分嚴重的縮編問題時，亞派司公司本身卻得以倖免於難（儘管公司的預算和可僱用人數都受到很大的限制）。雖然大家都很擔心公司會受到不景氣的影響而前途堪慮，不過員工們至少不必害怕遭到裁員。

亞派司公司在產品行銷方面一向有不錯的表現，而且它是一家非常勇於創新的公司。

巴克雷是一家製造廠，不久前曾經大幅裁撤主管階級職員，因此，我們可以正確地觀察到員工們對公司縮編的反應。不過，由於巴克雷擁有2000名以上的員工，是一家獨資工廠，因此我們在這裡得到的觀察結果可能無法直接套用在大型企業上。

我在四年前第一次拜訪巴克雷公司時，它正面臨嚴重的經營危機；然而，現在這家公司卻有了令人注目的進

展。

　　皇冠公司在 1985 年左右進行過一次非常成功的大改革，不過，就在我到該公司訪問的前一年，他們面臨了一連串的企業危機，其中最嚴重的莫過於被另一家規模較大、表現比較出色的公司合併。在這種壓力之下，皇冠公司的員工們幾乎喪失了所有的自信，他們感到十分沮喪，覺得自己與公司整體的政策格格不入，因此萌生自求多福的念頭，只求明哲保身。即便如此，由於員工之間早已培養出互信互賴的默契，因此他們在工作上還是可以通力合作而有很好的表現。皇冠公司的處境和亞派司公司有些相似之處，他們的母公司也正不斷地進行裁員，但是皇冠公司本身在前幾年卻未曾解僱過主管階級職員。

　　在市場環境變幻莫測的情況下，德斯特公司的經營狀況始終欲振乏術，我在該公司進行研究察訪到現在已有一段時間，但是他們的表現一直沒有起色，裁員對他們來說簡直是家常便飯的小事。不過這家公司裡的主管們十分熱衷於重新規劃公司未來的目標和走向，而且態度非常積極主動。就我所知，雖然這些主管們無法克服過去投資錯誤及規劃不當所造成的後遺症，但是他們目前的表現都非常好。

　　由德斯特公司的經驗，我們可以了解即使員工對公司的未來抱持著積極樂觀的態度，也不見得能夠確保企業邁向成功之路；換個角度來說，並不是只有在成功的企業裡才可能培養良好的工作士氣，即使公司面臨許多危機，員工們還是能有面對現實、繼續熱心負責的工作態度。

爲了更深入探討這個概念，我將研究的重心放在巴克雷公司的問題上，並佐以其他公司中類似的情況。以巴克雷公司作爲例子有幾項好處：該公司曾經大幅縮編，而且它是由傳統公司轉型而成，並非一切從頭的新公司。此外，巴克雷公司正好與我研究的另一家哈定公司（Hardin）形成對照。哈定公司與巴克雷公司同屬於一家大企業，他們生產的東西幾乎完全一致，而且經營模式也一模一樣，但是哈定公司的營運狀況遠比巴克雷公司遜色。

　　在我研究巴克雷與哈定的同時，兩家公司正處於對現代製造業來說相當普遍的轉型期，工廠內的生產程序緊湊、儘可能減少原料庫存量，並加強生產人員的工作素質，以減少重複檢驗成品所浪費的時間；此外，他們將工廠區分爲幾個不同的小組，分別指派不同的職務，這兩家公司都是三年前在母公司的要求下開始進行這些調整，不過兩者採行的方法並不相同。

　　在兩家公司中表現較不理想的是哈定公司，從該公司決定改組開始，當時的主管就以嚴格的紀律要求所有員工，在其管理之下，公司支出大幅減少，員工考核制度也更爲嚴苛。這位主管每天必定與幹部開會，下達當天的工作指令，並對無法達成要求的員工實施嚴格的訓練。不過後來繼任的另一位資深主管，則以較溫和、較人性化的管理方式凌駕了前一位主管的高壓管理哲學。這位資深主管試著多聽員工的意見，並且給予他們更多自主權，希望藉此重新建構起員工與公司之間的互信。然而，儘管這位資

深主管的管理方式頗有建樹，哈定公司的營運狀況仍是每下愈況。

　　相較之下，巴克雷公司自從轉型之初就著眼於市場考量，讓每個員工都了解公司產品在市場上激烈的競爭情況，並預警公司有大量裁員的可能，同時他們是以工作成果來評估員工的表現，而不是只注重個人成就。該公司的廠物主管及領班是公司改革計劃的主導者，他們很快就讓所有員工產生使命感，覺得自己對業績的好壞有責任感，因此，巴克雷公司的營運狀況明顯改善：在兩年內，產品不良降低了百分之七十五，員工表現有明顯的進步，而工廠裡的人力資源也能充分地利用。結果，原本公司預計須裁員一千五百人左右，後來卻只裁了將近兩百人。不過，在這次裁員行動中，的確有數十位主管受到波及，這也是該公司無前例的紀錄。

　　這兩家公司的差別竟然如此懸殊。在哈定公司第二位主管溫和的管理作風之下，公司高階主管們的日子顯然輕鬆多了，他們似乎也表現得十分滿足。然而，他們經常抱怨公司繁瑣的政策規定影響了他們的工作效率；此外，他們對於公司在市場上所遭遇的競爭也漠不關心。由這些情形看來，他們所表現出來的行為態度，正與我們之前以格拉弗公司為例所探討的「被動的滿足感」不謀而合。

　　相較之下，哈定公司的中階主管們對公司只是單純地感到不滿，就像納得企業裡的情況一樣。他們認為新制度剝奪了主管們領取額外津貼的權利，並抱怨公司中沒有管道讓他們抒發自己的不滿，就算他們肯公開地大吐苦水，

不但沒有人理會，甚至會危及自己的工作。此外，中階主管們也把怒氣發洩在新進人員身上，認為那些新來的菜鳥十分自私自利，對公司一點責任感也沒有。中階主管們覺得自己為了減少工廠的原料庫存量而拼命工作，但是卻得不到任何讚賞。雖然對公司有諸多不滿，但是這些主管們還是不忘強調自己對公司的忠誠與關懷。

與哈定公司比較起來，巴克雷公司就沒有這種互相指責、遷怒於人的現象。在哈定公司引起眾怒的新制度，套用在巴克雷公司，卻沒有造成員工們的不滿。事實上，有些如減少主管額外津貼的新制度，反而十分受到員工的歡迎，而其它如個人表現評估方式等措施對他們而言，似乎破壞了聯合作業的意義，但是只要他們的工作表現良好，這也就不是什麼大問題了。

哈定與巴克雷兩家公司的中階主管們，在心態上完全不同。後者十分樂於接受更多的責任及團隊的工作模式，並不覺得工作量超出負荷。他們相信在新制度之下，藉由分工合作的模式可以減輕他們原本的工作壓力，也讓他們有更多時間從事更有創意的活動。巴克雷公司地中階主管們特別強調，他們在那兩年中，自工作上得到了許多自我成長的機會。

他們所說的話有幾分可信度呢？有兩項證據證實了中階主管的角色在該公司中確實有所轉變。首先，在巴克雷公司中，中階主管的人數明顯減少了，相形之下，哈定公司在裁減中階主管人數之後卻造成生產方面的問題，結果中階主管人數反而有增加的趨勢。再者，巴克雷公司的中

階主管們告訴我，他們想出了將產品推廣至歐洲市場的點子，並且已經成功地敲定了幾筆交易，因此讓公司達到事半功倍之效。

簡單地說，巴克雷公司的中階主管們徹底改變了自己的定位。而哈定公司的中階主管們，始終認為自己是統治員工、排除困難的人，可以為員工解決任何工作上的問題，一旦主管人數減少之後，他們自然就必須負擔更多的工作量。相反地，巴克雷公司的主管們則認為，自己的本分是協助公司整體的發展，同時他們在這方面的確表現得非常積極進取。他們的人數雖然減少了，但是卻比以前少了許多壓力。

這些主管們知道自己的工作並不是永久不變的，公司裡已經有許多人被裁員，也深知公司這種混亂的局面必定會維持很長的時間。事實上，跟哈定或其它公司裡那些無時無刻擔心飯碗不保的主管們比較起來，雖然巴克雷公司的主管們也面臨相同的處境，但是他們顯然冷靜多了，也更能夠面對現實。

儘管研究中的這四家新企業的中階主管們都面臨前途未卜的情況，但是他們的權力並未稍減，工作的樂趣也沒有降低。對這些主管們來說，公司轉型的過程是有意義的。其中一位主管就表示：「過去這一年半來，這種降低原料庫存量的工作模式可說是一項新的創舉，我們對自己的成就頗為自豪。」

自我成長似乎是這些公司不斷強調的重點，同時也是彼此之間主要的區別：「亞派司是個很棒的工作地點，

我在這裡學到很多，尤其學會了如何做決定，以及如何與其他部門分工合作。待在這裡的十六個月當中，我簡直就像是增強了四年的功力。」

究竟是什麼樣的功力使人們在制度崩潰、定位混淆不清、工作環境急遽變遷的情況下，還能保持這種樂觀進取的心態呢？

事實上，要界定這樣的原動力很不容易。在我的研究中，十四家企業有許多類似的改變，例如權力授與、團隊合作及彈性化制度等。不論是在傳統企業或新企業中，同樣都發生過許多令人困擾的變化，例如重新調整顧客需求、改變考核方式與提供新的合作模式等。然而，似乎只有少數幾個因素能夠真正改變企業的工作模式。

對工作及企業的認知

在前幾章中，我概略地提過利可公司與格拉弗公司為了使員工們對公司的現況與展望更了解而做了許多努力，這一點似乎是我研究過的公司共通的特性，即公司裡處處可見激勵人心的標語、更有許多關於公司歷史沿革的介紹。然而，只有亞派司、巴克雷、哈定及德斯特這四家公司的中階主管們，對公司有深刻的了解。

我是以中階主管們能否精確說出公司目前所面臨的競爭情形，來判斷他們對公司了解的程度。令人大感驚訝的是，大部分公司的主管們都無法回答這個問題，舉例來說，格拉弗公司裡的主管們對產品品質改善的情況大感滿

意，但是當我問及他們是否知道競爭對手也改良了他們的產品時，他們卻一臉茫然。事實上，對尊崇忠誠的公司而言，只注重市場表現是不好的管理方式，代表了高階主管們短視近利、自私自利而且不夠坦承的缺點。

然而，這四家新企業卻有完全不同的理念，他們認為注重市場表現是非常積極的企業經營方式，他們對這種經營模式的見解是那十家傳統企業所不及的。在巴克雷公司中，中階主管們對同性質公司的市場走向十分清楚，也能預測他們未來的動向會如何。中階主管們認為自己為了讓全體員工對公司的計劃有所了解而付出許多努力。某位一級主管就指出：「我們的工作不外乎預測市場走向、控制公司預算及召開公司小組會議。我們現在有更多責任及挑戰，只知埋頭苦幹的日子已經不再了。」

這些公司在轉型之後，員工與公司之間溝通的管道更加暢通，而且不同部門、階級之間的了解也更多了。高階主管們主導工作的分配及監督執行工作之落實，而中階主管們則致力於專業技術之發展應用。這種相互交流、分工合作的方式讓全體員工融為一體，專業知識與技術也得以相輔相成以達成工作目標。

就是這股齊心一致的力量，使中階主管們願意主動嘗試接觸各類型的新客戶，以打開產品銷路。這種分工合作的工作模式，還有一段小插曲：

　　　昨天有位重要客戶來電告訴我，他們急需要訂一批貨，但是依照公司的規定，如果需要調出倉庫裡的存貨，必須要先取得倉管人員的簽名同

  新白領階級

意才行。當時倉管人員正好因事外出，所以我只
好到處尋找能幫得上忙的人。後來終於有一位品
管主任把倉管人員找回工廠，我才能順利出貨給
那位客戶。

　　不久之後我巧遇工廠經理，我告訴他：「不
能再出這種狀況了！我們可是供應硬體設備的公
司，不是保全公司！」

　　於是我今天一直在考慮該如何設計一套新規
定，來因應這種緊急訂單，因為公司出貨時間不
應該受限於倉管人員的作息時間表。我們必須想
出一個既能確保倉管安全，又不會影響生意的辦
法。

　這個小插曲點出四家新企業的共同特性：他們並不排
斥顛覆不合時宜的舊規矩，並希望上司與下屬之間能夠輕
鬆自然地談論公事（在這個故事中，該職員甚至直接向
高兩級的經理提出自己的建議）。此外，他們十分強調
公司該做的「正經事」。在許多傳統公司中，主管們遇
到問題時往往只能發牢騷和乾著急、不停埋怨公司的階級
制度一事實上，他們埋怨公司裡所有的人，很少有人能夠
真正思考該如何解決問題。
　同樣的，在公事上遇到麻煩時，很少主管會求助於上
司，並和他們一起商討對策。而像故事中那位職員一樣能
從經驗中汲取教訓、以免重蹈覆轍的人就更屈指可數了。
在大多數的公司中，即使問題順利得到解決，人們在事後

也只會不停的發牢騷，頻頻抱怨「為什麼每次都遇到這麼多麻煩？」

這些公司又是如何發展出這樣的商業知識與認同感呢？事實上，其它的公司並非沒有嘗試過這種做法，幾乎每一家公司的高階主管都了解商業知識的重要性，並且對於過去十年來他們在資訊分享及員工教育方面的成就頗感自豪。然而，就像我在第五章中提到的利可公司一樣，大部分公司都無法貫徹這種讓員工再教育的理念。

在仔細研究我所做的訪問後，我發現兩個重點：第一，亞派司等四家新企業在員工教育方面做得比其它公司徹底。雖然格拉弗及利可兩家公司大量採用發行業務通訊、幹部演說及大型員工會議等方式，企圖增加員工對公司的了解，但是成效往往事倍功半；相較之下，那四家生氣勃勃的新企業採行的小組互動方式就有用多了。舉巴克雷公司為例，

> 我們組織了一個大約有三十個人的小組，花一個星期的時間來研討業務計畫，小組成員中有百分之八十是領時薪的工人，另外百分之二十則是按月計酬的一般職員。我們開會的重點是，該如何讓這個業務計畫在其它員工之間有效運作。在會議中，我們讓與會的員工提出計劃，並且彼此觀摩切磋。

這樣的會議促使全體員工投入公司的經營管理，並且樂於主動參與公司的各種活動。同樣的，亞派司公司也會在新進人員的職前訓練中舉辦類似的業務會議。

但是我認為，這些企業的員工們對公司的了解，是基於更深一層的原因：在這四家企業中，一旦員工們對公司缺乏充分的了解與認識，主管們的管理工作就倍加困難；但是在其它企業中，即使員工們對公司營運狀況一知半解，對主管而言也無所謂，他們只須把品管及預算控制等與技術有關的工作做好即可，根本不必理會自己的工作對公司其它部門有什麼影響。在亞派司等四家新企業中，主管們必須注意更廣泛的層面，造成這種差別的主要原因是：在這幾家企業中，主管們的職責通常也會牽涉到公司其它的部門，因此他們每一天的工作都必須做好通盤的考量。簡而言之，在企業的官僚體制轉型為以聯合作業為主的工作型態後，中階主管們才開始認為公司的營運狀況與自己的工作息息相關。

刻板與有彈性的聯合作業方式

　　在四家新企業的改革過程中，聯合作業的機能益發重要。在我所研究的企業中，大部分的公司都以聯合作業的模式作為革新的目標，但是成功者並不多。事實上，只有被我稱為「新企業」的那四家公司能夠真正跨越部門與階級界線，而發展出聯合作業的工作模式。

　　我必須強調，這些聯合作業小組都是為了因應各種不同工作內容而臨時依照正規程序組成的。同時，組成分子通常來自不同的部門。這裡所指的「聯合作業」和傳統企業中的「專案小組」是不同的。傳統專案小組的功用，

在於改善官僚體制中員工們的互動關係。「聯合作業」通常是指顛覆原有的階級制度，讓不同階層、不同部門的員工一同工作。

　　亞派司公司與皇冠公司在聯合作業小組的組成上，有十分亮眼的成績。早在數年之前，皇冠公司各階層的主管們就已進行長程而全面性的組織規劃，在他們的努力之下，不但建立起公司一貫的商業策略，小組成員組織搭配之巧妙也令人嘆為觀止。至於亞派司公司的小組運作則是以互助合作、共同參與公司事務為基礎，他們的小組團隊不僅包括各部門的主管、職員，更有一般的藍領工人，可說是最能貫徹「聯合作業」理念的公司。對亞派司公司中的藍領工人來說，和工程部或生產部主管們共同商討公事是稀鬆平常的事情。

　　再回頭來看看巴克雷公司及哈定公司的對比。巴克雷藉著重新整頓的機會，將公司分割為數個小單位，各自負擔不同的責任，這麼一來，各單位的所有員工彼此不分階級、不分部門，自然會對自己的單位產生向心力，因而互助合作，達成任務。同時，各單位之間也能夠配合得更天衣無縫，高階主管們也都能在公事上取得共識。幾位不同單位的主管們經常聚在一起討論公事，有幾次他們也能提出一些對公司頗有建樹的決策。對這些主管來說，同儕之間彼此配合、分工合作是十分珍貴的經驗。反觀哈定公司，雖然改組過程與巴克雷公司相去不遠，但是工廠中的主管仍然是發號施令的主要人物，任何決定都必須經過他的審核，因此聯合作業方式的成效也大打折扣，而工廠裡

　　新白領階級

的員工也始終像一盤散沙，缺乏共同的目標，除非上級有特別的指示，否則主管們是不會主動聚會商討公事的。

中階主管的態度可說是主導這種聯合作業方式成敗的關鍵。上一章提過那十家傳統企業所面臨的處境，在那些企業中，大多數的中階主管對於聯合作業的成效始終抱持懷疑的態度，他們並不願意採用這種工作方式，也不認為應該對下屬採取放任的態度，他們覺得上司和下屬之間就應該嚴守本分，不可以踰矩，否則只會造成混亂，這與他們奉行的「秩序原則」是背道而馳的。對這些主管而言，如果聯合作業型態是存在於階級制度那種上下從屬的架構之中，應該就不至於會造成太大的問題；但上司與下屬之間的界限如果不復存在，所有的決定都不再只由主管來定奪，那麼公司就會出現危機。在改組行動中，問題層出不窮的那些企業，幾乎都是抱持著這樣的觀念。

當這些企業的主管們，回想起從前的時光時，他們不禁想起人們過去總是自然而然地聚在一起商量解決問題的方法，然而在公司重建的過程中，由於人際關係不斷遭到破壞，使得人們只顧獨善其身、不在乎別人，因此那種互助的情誼也就不復存在。在這些公司裡實施聯合作業方式的結果，往往招來中階主管們諸多不理性的批評，認為這樣的管理方式亂七八糟、沒有效率可言。

然而，在生氣勃勃的新企業中，「聯合作業」卻被視為刺激有趣、成果豐碩的工作模式：

「我從來沒有在那麼有活力的公司裡工作過！這裡的人們充滿友愛之情，彼此互相了解，

而且一定會在別人有難時伸出援手。」

「我們把公司當成自己的事業來經營，凡事互助合作，在這個組織中，所有人的工作息息相關，只要其中任何一個環節出了差錯，絕對無法矇混過關，人們馬上就會發現破綻，並且設法補救。在這樣的工作環境中，人們自然會團結起來，一起共度難關。」

唯有在新企業中，中階主管們才會熱衷於聯合作業的工作模式，並致力於身體力行。某位德斯特公司的主管就描述，該公司在成立這種聯合作業小組之後，所面臨的種種困難但十分富有挑戰性的經驗：

剛開始幾次的會議中，來自不同單位的員工必須組合成一個團隊，這簡直就像在分配舞伴一樣，有好幾次我們愁眉不展地想：「這真是太糟糕了！到底哪兒有問題啊？」然後有人說到：「我們還沒找到能代表客服部的人選！」所以我們又開始忙著找人來填補空缺。剛組成這個聯合作業小組時，彼此之間還有些意見不合之處，後來大家逐漸摸索出最有效率的合作方式，慢慢地，團隊默契就漸入佳境了。接下來，這種聯合作業的模式很快就成為整個公司的基礎結構了。

成立聯合作業小組的過程十分富有教育意義，它讓我們明白一件事：或許大家都知道問題出在哪裡，但是分析問題的方式卻可能截然不

同，於是就會認為是別人有問題。慢慢地，我們逐漸能夠了解到，其實問題並不是出在任何人身上，而是因為我們對公司重組的過程了解得不夠透徹、無法理解別人困難之處所致。

如今員工之間培養出堅定的友誼，過去的芥蒂都已經隨風而逝，所有的困難也不復存在，我們開始覺得公司改組的過程十分有挑戰性。事實證明了，只要能夠團結起來，公司就能有所進展。我們花了六個月的時間重整公司的結構，而且的確有長足的進步。

開放的互動關係

與其它企業相較之下，在轉型較成功的企業中，部門之間的互動比較頻繁，而且也較願意彼此配合。在我研究的十個傳統企業中，避免衝突、減少討論機會是司空見慣的事。然而，另外那四家新企業卻反其道行：他們鼓勵員工們討論各種問題，甚至可以公開爭論，而不要在私底下勾心鬥角。

前面曾經提到某位皇冠公司的主管，為了解決一個訂貨問題而四處奔走的情形。按照一般人的想法來說，當這位主管遇見比他高兩級的上司時，必定絕口不提那批貨物的事情，以免被斥為辦事不力；不然，他也會大吐苦水，把所有問題都推到上司身上。然而，實際上，這位主管的做法卻是將這件事當作例行公事一樣，原原本本地向他的

上司報告，然後再繼續想辦法解決這個問題。簡單地說，這位主管與上司之間是可以站在平等的地位一起討論事情的。

亞派司公司的工人們告訴我：「施工圖一改再改，後來我們受不了了，決定請求支援—找公司的工程師來幫忙，他們對這些事情很有一套呢！」

在其它的企業中，很難想像工程師會欣然接受工人提出更動施工圖的要求，這不只是越權或推卸責任的問題，事實上，工程師可以拒絕工人們的要求，有時候甚至會因此而引發衝突。大多數的公司遇到這樣的問題時都會再三考量：

> 萬一爭議很嚴重怎麼辦？我想，要是沒辦法
> 排解糾紛，至少得轉移他們的注意力，不然也得
> 追根究底，試著找出問題的癥結所在。

在亞派司公司中，我曾經觀察一個六人小組開會的情形。該小組的成員分屬不同的部門及各個階層，他們聚在一起檢討公司的發展進度，每個人都根據經驗提出自己的看法。位階最高的那位主管並非會議的主導者。隨著議題的不同，就會有專精於該主題的人負責領導討論的進行，其它的人則隨時加進自己的意見。這樣的會議，與我在利可公司及費克斯公司所看到的情況簡直有如天壤之別。在大部分的公司中，地位最高的主管往往就是會議的主角，也是主要的決策人物。

而在巴克雷公司中，上司與下屬之間的互動似乎沒有那麼頻繁，不過會議進行的模式也和亞派司公司相去不

遠。某位工廠主管表示：「目前本廠的當務之急是，發展半自動裝配生產線，這對我們而言是很大的革新，我們得向大家說明這麼做的原因，並且慢慢將所有的生產線調整過來。關於這個計劃，我們已經研究很久，工會的人也十分清楚這件事情。」更基層的主管則說明了像亞派司公司的工程與生產部門之間那種互動模式：「我們也很重視與工程部之間的合作關係，畢竟這些工作是靠人們的溝通協調才能完成的。大家必須針對工廠裡發生的任何問題立刻對症下藥、研究出解決的對策。工廠所有的事情都得靠這些親自參與工廠事務的人方能解決。」

德斯特公司的情況，大致上也和前兩家公司相去不遠，某位中階主管為了改善公司的經營策略，甚至豪不顧忌地主動聽從另一位中階主管的命令行事。

不過，這並不代表這些公司裡的管理制度完全公平、民主，階級地位仍然是決策者的關鍵，因此也難免會影響到員工之間的互動。以巴克雷公司為例，該公司的基層主管就不習慣以溝通協調的方式解決問題，儘管他們對於工廠的進步感到歡喜，不過他們還是十分恪守階級之間的份際，不敢越雷池一步。事實上，這種服從上司命令的規矩還是普遍存在於各企業中。

不過，亞派司等四家新企業，與另外十家傳統企業之間還是有明顯的差異：前者普遍較能接受不墨守成規的做事方式。在這幾家企業中，人們可以自由表達自己的意見，也願意不分彼此共同合作，不用擔心自己的地位受到威脅。對中階主管而言，這種開放的工作風氣是再好不過

的。但是，那十家表現較差的傳統企業，卻視這樣的工作型態為畏途。如同之前所舉的例子，利可公司裡的中階主管們根本不願意與部門主管懇談，以免替自己找麻煩。而在巴克雷公司及其它幾家公司中，中階主管們均十分樂意與上級做面對面的溝通。

主管之領導才能：放任的管理制度

令我感到驚訝的是：在亞派司等四家新企業中，主管的作風均顯得特別低調，一點也沒有一般掌權者盛氣凌人的氣勢。事實上，這些公司裡的員工們甚至常常「忘記主管們的存在」！

相反地，在另外的十家企業中，主管們則顯得凡事勢必躬親；以納得企業為例，該公司的區域經理就十分熱衷於創新，在公司中不時可以看見他精神振奮地鼓舞員工們從事改革。類似的情形也發生在JVC公司，該公司的某位主管強烈地依賴統計數字、凡事講求腳踏實地。此外，馬克思公司也有一位極具個人風格的主管，此人對公司的遠景滿懷憧憬，總是企圖將公司推進以高科技為訴求的新紀元。雖然這三位主管的作風各有不同，但是他們有個共通點一他們都掌握著強大的主導力量，此外，在凝聚中階主管的向心力這一點，他們都感到無能為力。

反觀那四家生氣勃勃的新企業，其高階主管就很少標榜個人風格。亞派司公司的一位二級主管甚至半開玩笑地說：「他（區域經理）還在這個公司裡嗎？好久沒聽到

他的消息了！」儘管如此，這並不代表高階主管在這些企業中一點份量也沒有，雖然他們的作風較低調，但是他們在公司中還是有舉足輕重的地位。

在巴克雷公司中，上司與下屬的角色似乎彼此互換了。工廠主管及營業部經理這兩位高階主管負責的是長期營運的發展規劃，他們指出：「以往我們一向得做出五年的發展計劃，我們對這工作早就厭倦了。現在我們把計劃所涵蓋的時間縮短爲十八個月，情況就好多了。」他們強調每天必須處理各種問題，並且十分自豪於自己能夠完全參與公司的基層事務，而不只是負責發號施令。他們認爲：

> 長久以來，這是身爲高階主管的我們，第一次能夠對產品的製造過程有更深入的了解。大多數公司裡的高層人員，並不清楚自己公司的產品是如何生產製造，他們一向只處理業務方面的事情。但是自從公司改弦易轍之後，他們覺得對公司的事務更有參與感了。

另一方面，中階主管則有更多機會參與長期策略之發展，他們經常思考如何有計劃地改善公司的營運狀況，就連一些重大的決策計劃也都是他們亟思改革的目標。

把高階主管與中階主管的角色對調，聽起來似乎是解決當前企業問題的好方法，大家可能會理所當然地認爲，高階主管總是得插手管公司裡所有的大小事，而中階主管則是好整以暇地等著聽上司的指示行事。然而事實並非如此，在巴克雷公司中，高階主管及中階主管都突破了官僚

體制下的刻板印象，中階主管開始策劃公司的大方向，而高階主管反而在一旁觀望。大多數的受訪對象都形容高階主管們是在背後推動公司發展的動力，「要跟上時代潮流！」「要求進步！」「要把眼光放遠！」

他們告訴我們這些部屬許多想法與建議，並且不停地敦促我們著手進行改革，他們可不希望我們在日復一日的工作中變得麻木不仁。

也有一些中階主管表達了他們不確定的情緒，因為他們根本不了解高階主管們到底有些什麼建樹。當我將這些反應傳達給巴克雷的工廠主管時，他只是莞爾一笑，並沒有做出任何回應。

我認為，巴克雷公司的這種情況是因為，高階及中階主管們對公司未來走向已有一定的共識，因此他們之間才能夠有較多的良性互動。一般而言，階級愈高的主管，對公司發展的藍圖愈能夠通盤了解，而中階主管們則善於應付日常工作上的多種需求。這種所謂「各擅勝場」的觀念在兩者之間造成了難以跨越的鴻溝。高階主管們認為是完美無瑕的計劃，往往被中階主管們評為不切實際、趕流行。而在前者的眼中，後者多半也都缺乏遠見。

在巴克雷公司中，高階與中階主管彼此互相尊重：前者十分重視後者所表現的策劃功力，而後者也非常欣賞前者知人善任的魄力，這種互相尊重的氣氛，讓高階主管們不需要事事親力親為，除了偶爾關心業務情形、確定部屬們的工作已上軌道之外，高階主管們大可以放心把公司的運作交給中階主管們執行，而他們自己就可以站在輔佐的

立場，適時給予適當的指導與支持。

　　亞派司公司的經營者同樣是這套放任管理方式的奉行者。舉例來說，該公司有兩位高階主管經常為了各自的職責起爭執，根據我一年多來的觀察，即使亞派司公司大規模地採行聯合作業方式，但是類似的爭執情況仍未曾稍減。其特殊之處在於：這兩位主管的爭論都是透明、公開化的，沒有人在暗地裡搬弄是非。其次，該公司經營者的態度也有顯著的不同。一般來說，在這種爭執不下的情況下，經營者通常會挺身而擔任仲裁者。然而，在亞派司公司這個例子中，他卻只是在一些關鍵時刻中挿手提醒爭論雙方有關公司的基本原則，要求兩人提出明確的計劃，並著手進行，再彼此觀察對方的表現等。除此之外，該經營者只是維持超然的立場，讓兩位主管自己解決彼此的紛爭。

　　我必須強調一點：所謂的放任管理並不代表消極地袖手旁觀、不聞不問，事實上，這些主管們的力量有時候是頗可觀的。大家當然都認為，巴克雷公司的生產部主管是以非常強悍專橫的態度強行改變工廠的生產結構，對工人們來說，他的確是個凡事一把抓的上司，而他們也總是對他恭恭敬敬的。因此，當我在數個月之後再度造訪該公司時，我十分訝異地發現員工們對這位頂頭上司的態度有了一百八十度的大轉變，他們不再對這位事必躬親的主管敬而遠之，反而覺得他雖然對公司有所貢獻，但是對他們的工作根本構不成威脅。一年半之後，那位主管離開巴克雷公司，而他對自己所負責的工廠卻是一點影響力也沒有。

決策過程公開化

　　下決策是需要多方面考量的，亞派司及皇冠兩家公司都屬於所謂「按部就班」的企業，也就是說，在這兩個公司中，所有的決策都遵循既定的基本模式來決定，這是由於他們一向重視團隊的訓練，以及智囊團的養成，因此一旦面臨做決定的情況時，他們通常有一套制式的準則以供參考，而巴克雷公司就不奉行這樣的方式。

　　然而，這四家企業的共同點是：他們的決策過程均十分公開。不論是否有既定的準則可以參考，在做任何決定之前，他們必定在公司內部經過許多慎重的討論及研究，以確定計劃的可行性。由於巴克雷公司只是個地方性的小公司，因此這種重要的討論，似乎都由高階主管們來進行。而亞派司及皇冠這兩家規模較大的公司，就必須經過正式的會議討論，才能作出最後的決策。

　　格拉弗公司的決策過程，與上述幾家公司的作風形成極鮮明的對照。該公司的高層主管們慣於閉門造車，不斷地進行內部討論，將主管們個人對公司經營方針的想法逐條明訂為公司的改造計劃。然而，他們往往在得意洋洋地著手實現自己催生的計劃時，才會發現自己的想法早已與公司的實際狀況脫節了。

　　反觀巴克雷公司的例子，雖然公司的改革計劃一樣由高階主管們一手策劃，而非出自員工們的自由意志，但是

該公司的主管們與員工之間良好的互動關係，顯然十分有助於策略之推行。不過，巴克雷公司在改革計劃的推行上，並非一開始就這麼順利。根據幾位參與其事的受訪者表示，起初公司裡沒有幾個人能了解這些新規定，所以許多工作都無法順利完成。但是，近來在高階主管們的努力之下，情況大大改善了。為了讓大家都能了解公司新的營運方針，高階主管們紛紛以身作則，親自參與一般員工們的工作，並對新的制度詳加解說，讓人們更能了解公司的做法；同時也趁著與員工相處的機會，更清楚地體認他們所關心的問題。

在談到那十家危機重重的傳統企業時，我提到過，許多主管在不滿公司爭權奪利的歪風下，往往愈來愈不願意過問公司的事情，只求自保。而將公司決策過程公開化的最大優點，就是大大減少公司內部明爭暗鬥的不良風氣。同樣的，雖然四家新企業在這方面英雄所見略同，但是他們的做法還是不盡相同。

要減少企業內部明爭暗鬥的歪風，並不是一件容易的事情。這四家企業深知坐而言不如起而行的道理，因此他們採取的解決方式就是，將原本私下解決的問題全部透明化，他們放棄過去那一套完全由主管做決定的官僚作風，大部分的決策都是經過一連串的討論、甚至於是爭執之後才擬定。特別值得注意的是：這些討論、爭執一律公開，所有的員工都可以知道到底公司裡發生了什麼事情，也有足夠的能力判斷孰是孰非。公司裡所有的事情幾乎都可以搬上檯面來討論。一位任職於德斯特公司的受訪者就說

道：

　　　　以前公司裡總難免有人到處搬弄是非，過去
　　九個月以來，製造部門裡那些蜚長流短都消失得
　　無影無蹤了，因為現在大家對公司未來的目標都
　　瞭若指掌。

　　對我這個旁觀者而言，這種公開的行事風格在亞派司
公司主管爭權這個事件中發揮了最大的功用。在那兩位為
了自己的地位而僵持不下的主管之中，其中一位很明顯地
使出了權力遊戲中最常見的招式：在私底下積極拉攏公司
其它的職員，企圖孤立對手，讓自己佔盡優勢。在我開始
意識到這位主管的用意時，他已經在公司中樹立起頗強大
的個人勢力了。然而，誠如我之前提過的，亞派司公司的
區經理並沒有直接拆穿那位主管的西洋鏡，他所做的只是
以各種方式讓員工們自然而然地釐清事實，讓相關人員自
行判斷哪一方的說法比較可靠，並且也讓他們自由地討論
自己對這件事的看法。由於人們不避諱在公司中討論這件
事情，那位試圖搞小團體的主管也免不了要為自己辯解，
久而久之，人們漸漸發現除了吹噓自己的豐功偉業之外，
這位主管根本就提不出建設性的意見。因此，大家也就愈
來愈疏遠這位主管，就連他自己的心腹也都背棄了他。很
快地，這位主管只好修正自己的作風，凡事循規蹈矩，完
全符合公司的標準及要求，這件權力之爭才有了圓滿的結
果。

對少數團體的包容度

上述四家企業特別喜歡任用外來的人才。巴克雷公司的兩位高階主管就是由外聘僱，並非經由內部管道晉升而來的。雖然在這四家企業中，人才外求的機會遠比傳統企業高得多，但是卻沒有發生過令傳統企業頗感困擾的人事管理問題。這些企業的員工們對於「空降部隊」主管的接受度似乎比較高。

談到這四家企業對少數團體的包容度，雖然明顯的不如他們對外來人才的寬大為懷，但是仍然十分友善。在我的研究中，四家企業裡總共只有五位黑人及三十五位女性員工。由於採樣對象不足，無法有效地比較出這四家新企業與另外十家傳統企業對少數團體的態度有何差異。不過，我還是可以提出幾點建議。

首先，就我所訪問到的對象而言，幾乎所有的黑人及三分之一的女性，曾經忿忿不平地表示自己在公司中遭到歧視及排擠，其中只有少數幾位是來自那四家企業的員工。因此，我們可以很明顯地判斷出在這四家新企業中，這種不公平的情況比其它企業要好許多。

再者，有一些女性員工不願意效忠於任何一家公司，一心期望自己能開創屬於自己的事業，因此這些人對公司的向心力自然較薄弱。這樣的情況同樣以十家傳統企業的問題較嚴重。

同樣地，許多已婚的女性員工必須兼顧家庭與工作，在傳統企業中，這幾乎是不可能的任務，不過至少在亞派司公司裡，有幾位女員工十分讚揚公司在這方面對她們提

供的協助。

　　整體而言，無論是傳統的老企業或仍在革新階段的企業，大多無法成功處理少數團體在公司中可能引起的問題，但是後者顯然已經有長足的進步了。不僅如此，他們對外來人才的包容力也十分令人激賞。

變遷中的中階管理功能

　　在傳統企業中，中階主管向來在自身工作之外扮演著兩種不同的角色：既要將高階主管的構想付諸實行，更要妥善管理底下的部屬。

　　在亞派司等四家新企業中，中階主管所負擔的責任就有些不同了：

　　　　以前我們負責「管人」，現在則是「管事」、
　　並且「領導人」。

　　在這些新企業中，「人」之所以不再與「事」相提並論，主要是因為中階主管們不再只負責監督部屬們的工作，他們必須負責完成一個完整的任務，而這就意味著中階主管們必須花更多時間與其它部門的人打交道才行。同樣地，在主管之下的部屬們也必須與各部門的人配合，才可能完成自己的工作。和傳統企業比較起來，新企業的負責人很少插手干預員工們的工作。

　　在第六章曾經提過賴克斯這個人，對於像他這樣一個忠心耿耿的員工而言，上司與下屬之間愈來愈疏遠的關係，在他的工作上造成了不小的問題。但是擁有專業才能

的技術專家們就不這麼擔心了，他們正好可以趁著這個機會重新調整自己與公司之間的關係。他們不再以「同為一家人」的溫情主義來束縛自己的部屬，反而鼓勵員工獨立自主、發展自己的對外關係：

　　我非常鼓勵人們保持多樣化。我不喜歡僱用專業能力一流，卻心胸狹窄、缺乏遠見的人，我經常出難題考倒我的屬下們，這麼做是想讓他們了解：失敗並不算什麼，只要有能力，我們還可以再站起來。因此，我的部屬們都非常有自信。

　　巴克雷的主管們全都和他們的負責人有志一同，認為自己應該教育員工，並且鼓勵他們多方面嘗試。

　　同時，這些主管們不再只是為員工個人表現打分數的人，他們會考量員工整體的表現、以及在同事之間的評價，最後才由負責人統整所有的資料並加以定奪。雖然這套評估方式尚未達到完美，但是愈來愈多的新企業開始採用這個新制度。

　　如此一來，過去以保護、控制員工、並以個人表現作為獎懲基準的干涉主義作風漸漸式微，這也就是中階主管不再負責「管人」，而將注意力轉移至「管事」的原因。所謂「領導」，強調的重點變成，在工作上提供員工們發展自身能力的環境及空間。

「專業」主管

　　在新企業中，許多主管在瞬息萬變的工作環境中特別遊刃有餘，他們不但不覺得恐懼、失落、對工作無能為力，也不覺得公司的裁員行動是違背承諾的行為，反而對前途滿懷著希望。這些主管們並不喜歡凡事仰賴公司，他們既不打算一輩子為公司做牛做馬，也不願意被公司政策牽著鼻子走。

　　由於沒有適當的詞彙可以形容這些主管與公司之間的關係，我姑且稱之為「專業主義」類型的主管。「專業主義」這個名詞至少抓住了一個重點：這些主管們並不受任何一家公司的束縛。我曾經提到過，在納得企業中，大部分主管們對於所謂的「專業人員」並沒有好感，但是在新企業中，同樣的字眼卻變成一種讚美。我們可以從亞派司及德斯特公司員工所說的這兩段話感受到他們對專業主管的敬仰：

　　　「這裡是個專業掛帥的工作環境，整個公司的運作有賴於高素質的員工。在這裡工作，讓人感到非常有成就感，而且很有尊嚴，因為我們可以感覺到，自己的工作真的是公司運作中不可或缺的一環。我們對自己的工作有很高的使命感。」

　　　「總裁能把整個管理部門導向專業層面，真是居功厥偉！」

　　然而，我必須強調一點，在新企業中所謂的「專業」

與傳統企業所認為的專業並不同。事實上這個字眼並不能夠完全表達出新企業主管與公司之間的關係，我思考過是否能以更貼切的詞語加以形容，不過始終徒勞無功。

　　我幾乎可以在每一位主管的身上或多或少看出這種標榜「專業」的特質，可見得這種風格的形成與個人特質有某種程度的關聯性。不過，環境的影響也是極大的因素。在傳統企業中，這種以專業為訴求的主管非常少見，而且並不受重視。但是在新企業中，他們成了多數分子，對自己的工作頗能得心應手。

　　在下一章，我將會就理論上來探究「專業主義」興起的原因。現在，我想多介紹一些實際的例子。在所有訪談對象中，哈爾是個十分特殊的例子。當我進行訪談時，他在亞派司公司已經工作了一段時間，之前則待過漢尼威公司。在哈爾整個職業生涯中，他不斷地換工作，甚至也曾受僱於國外的企業。在每一個公司裡，他負責的工作都是運用他在漢尼威所發展出來的專業技術。他打算在亞派司待上四至五年時間。

　　哈爾的動機是什麼？他在訪問中是這麼說的：「我對鑽研某一種技術特別情有獨鍾，過去二十五年來一直都是這樣的。」根據他所說的這句話，我認為他的就業選擇完全是著眼於該項技術專長的運用，他所關心的是自己能否勝任這個工作、能否在自己的工作崗位上充分發揮自己的才幹，反而不太在意自己是在為哪一家公司工作。此外，哈爾也強調：「這家公司的作風十分符合我的處世哲學，對未來的發展也和我自己的期許有相當一致的共

識。」談到這裡，哈爾充分展現了他在工作上的活力與衝勁，將近一個小時的訪談中，他滔滔不絕的述說著他目前在亞派司公司裡所觀察到的各種優缺點，並且闡述自己重新整頓這家公司的計劃。

目前我試著逐步把製造部及產品工程部統合為一個單一部門，他們可以同時進行這兩項工作。

現在製造部及產品工程部之間的歧見非常嚴重，本來他們是兩個各自為政的單位，彼此之間並沒有太多交集。現在為了達成長遠的目標，我們必須要求大家同心協力、互助合作。但是產品工程部生產部門的人認為，他們這個單位在公司中已經存在五年之久，並不希望制度有所改變，因此現在這兩個部門協調得並不是很好，而公司的產品也因此而受到些許影響。

要說服所有員工認同這項新制度的確很困難，我們還得讓包括工廠工人在內的所有人都了解利潤及商業層面的觀念才行。就我所知，只有在日本的某個企業曾經達成這個上下一心的目標。

哈爾顯然在亞派司公司司投注了許多心力，他非常積極地希望能幫助該公司邁向高峰。我問起他在公司的地位，以及他這麼努力的動機為何，他說：

事實上，我應該是負責整合公司全體的媒介，不過我認為我不應該侷限在這個工作上，只要我能夠建立起一個團結合作的企業，那麼公司就不再需要靠我來整合所有的力量了。到那個時候，也就是我轉換下一個跑道的時候了。

　　我在這個計劃上投下了前所未有的精神和心血，一週工作將近八十個小時，因為這個計劃對亞派司公司將來的發展真的太重要了。

　　我在這個工作中也得到許多回饋，其中最珍貴的就是個人經驗的累積，此外，我在這裡的一切努力都將成為我的資產，為我的這項專長增色不少。

哈爾並不認為只有他存有這樣的價值觀及對公司的期許，他相信公司裡所有的主管都有相同的看法：

　　在公司裡，有四位年輕人表現得非常傑出，我經常要其它同仁向他們效法。目前我正等著看他們在其它工作上的表現，要是他們無法完成公司交予他們的任務，那就表示他們還有待磨練，等到工作告一段落，表現最傑出的人可以繼續負責下一個專案，而其它的人得另尋出路了。

我想大概很少人能像哈爾一樣貫徹自己的工作理念，大部分的公司不太能接受像他這樣隨時準備離開公司的員工，即使是在他目前工作的亞派司公司裡，也還是有些人

無法接受他：

> 　　有些人會懷疑我到底是站在哪一邊，尤其當
> 他們知道我現在仍為漢尼威做事，我在這裡的職
> 務又涉及一些與漢尼威之競爭對手有關的決策，
> 他們心理更是充滿質疑，有一部份的人非常不喜
> 歡這樣的感覺，他們老是把我當作漢尼威的人，
> 不過大部分的人都能了解我的情形。

　　亞派司公司裡只有少數人對外來者產生敵意，哈爾這
個例子可以算是個特例。如同我之前提過的，在納得及其
它公司裡，大部分的員工都會對外來者表示不滿的情緒。

　　基於大部分企業普遍存在著排斥外人的心理，很少人
能夠真正地穿梭在數家不同的公司而能遊刃有餘，除非他
們不介意自己被貼上標籤、處處惹人閒話。正因為如此，
亞派司、德斯特、巴克雷及皇冠等四家以開放風氣著名的
新企業，彷彿成了像哈爾這種人才眼中的天堂，可以安心
地在自在的環境中工作；而傳統企業中那些同為「外來
者」的專家們只能望天興嘆了。不過，不論是任職於新
企業或傳統企業，這些專業人才對未來都抱持著相同的展
望。

　　首先，他們對自身所處的產業及工作崗位有很大的抱
負。在傳統企業裡，那些專業人才是唯一能洞視競爭激烈
的商場文化、並且比其它同儕們更有遠見的人，他們可以
不斷地為拓展企業所需的工作注入強心針。

　　跟其它主流派的人們相比，這些外來的專業人士顯得
特別固執己見，他們堅持唯有達成目標才能展現工作實

力，並且拒絕爲自己樹立起良好的人脈關係。舉例來說，他們對於開會檢討工作滿意度之類的事情就顯得興趣缺缺。

第二點，這些外來的專業人才可以平衡兩股看似互相矛盾的動力，一方面，他們堅信前途掌握在自己的手中，而不是仰賴公司的表現；在另一方面，他們更排斥凡事「向錢看」的那種個人主義作風，他們對公司的前途懷有很深的使命感，同時，雖然他們喜歡獨立作業，但他們也相信唯有凝聚共識、團結一心，才能讓公司的事業蒸蒸日上。

在哈爾這個例子中，我們已經看到這股制衡的力量，這也就解釋了我所謂的「專業主義」。有許多和哈爾一樣的專業人士十分強調建立團隊的重要性，他們非常樂於打破部門之間的門戶之見，將各個不同的力量整合起來。在新企業中，他們可以實現自己的構想，組織一個充滿工作熱誠的團隊，但是在傳統企業裡，他們恐怕會因爲遭到孤立而自顧不暇。同時，他們對偏激的個人主義也有諸多批評。德斯特公司的某位專業主管就說道：

> 以前我犯下最大的錯誤就是，一心只想出人頭地，結果公司對我的期望太高，非我能力所及，於是造成了不少的虧損。現在我才明白，在一個健全的體制中，不僅需要肯做事的員工，更需要懂得計劃的人。

第三點，這些專業人才是唯一對自己充滿期許、並且不斷藉由各種管道充實自己的主管。在前幾章我曾經提到

過，傳統企業的主管們除了公司之外幾乎沒有任何社交活動，他們一向把公事放在第一位，對其它事情似乎一律提不起勁。相較之下，現在這一批專業主管們對於各方面的社交活動則顯得躍躍欲試。

由於這個緣故，在傳統企業工作的那些專業主管們面臨了最大的衝突，我們可以由馬克思公司及納得公司的主管們所述述的情況略知一二：

「公司裡的頂尖團隊都是些精英分子，他們表現得很傑出，大家在工作上也配合得不錯。他們都是經過嚴格訓練的優秀人才，但是他們吸收新技術的速度不夠快，對自己的要求不夠，以至於無法跟上這個技術發展日新月異的時代。他們根本不讀書，我指定了一些書要他們讀，結果沒幾個人做到，大部分的人只在上課時來露個臉，然後就不見人影了。」

「我在公司裡安排了許多訓練課程讓大家來上，這些課程還包括了內部專業發展研討會，由公司裡的主管們負責主持，我自己則負責推動整個訓練計劃。如果我不大力倡導的話，這些課程很快就會無疾而終。我也鼓勵公司裡的專業主管們加入像『品質管制協會』之類的團體，以加強自己的專業素養，更鼓勵他們參加各種文憑課程。」

最後，這些專業主管們認為，員工與公司之間的互動

應該更有挑戰性：

> 只要這裡的工作對我還有挑戰性，我就會繼
> 續留下來，我一向喜歡負責有趣的專案，我喜歡
> 新工作、酷愛腦力激盪，對我來說，最重要的就
> 是「我對什麼有興趣？」。

對這些專業主管而言，任務結束之後，也就代表了他
們對公司的責任告一段落－通常，這得花上好幾年的時
間。他們最常掛在嘴邊的話是：「等這件工作結束後，
我就要到別的地方找事情做了」。

> 我只是來這裡工作一段時間，等這裡不再需
> 要我了，我就該走人。我想在三、四年後，當我
> 把所有的能力都貢獻出來、腸枯思竭以後，我就
> 該離開了。我只希望在這裡的這段期間能把工作
> 做好，完成自己的目標。我知道目前這個地方真
> 的非常需要我。

> 我常聽到人們說自己對公司有多忠心、多有
> 感情，希望能在公司待至終老，我實在不能苟同
> 那種想法，我無法忍受長期待在一個根本不需要
> 我的地方。

對這些新企業裡的主管來說，公司理應提供主管們所
需要的一切資源。記得在第五章，我們提到過在利可公司
裡，員工們總是避免提及工作環境品質及個人的需求。但
是在表現較佳的公司裡，主管們可以自由地提出自己需要
的援助。公司經營者很快就會體認到，對員工而言，家庭

也是非常重要的；提供更多自我成長的學習管道更是迫在眉睫的事情。對於員工抱怨工作過量，他們也會審慎處理，儘管有些主管們還是寧可保持沉默，但大部分的中階主管們都透露了他們對這些權利的渴望。

在新企業中，這種追求挑戰的想法迅速普及化：這種觀念變成了企業文化的一部份，而不只是個人的特質。令人驚訝的是，許多原本是忠心派的人也都慢慢開始接受這種新觀念，這些新企業似乎擁有將人們改頭換面的能力。

大家應該還記得，這些新企業大多是大型企業的分支或衛星工廠，他們也曾十分渴望公司能給予自己終身的保障及安全感，然而，由於傳統企業令主管們感到失望，那些投向新企業的人也開始對專業主義產生狂熱。舉例來說，亞派司公司裡某位終其一生奉行傳統精神的人就說：

> 在這裡，我們的作風很不一樣，我們掙脫了許多傳統包袱…過去累積的那些傳承並不會造成我的困擾，我追求的是新的挑戰，而不是升官發財。

結語

徹底轉型之後的四家新企業，成功地保留了中階主管們對工作的熱誠，在這一章，我們可以清楚地看到，成功的管理並不是一昧地討好員工，也不是要不斷地「加強溝通」，或以官僚主義作風明白規定所有的管理規章、

強迫員工忠於職守。在新企業中，公司及主管們並不是一心只求公司能夠「一帆風順」或對未來有很好的展望。

相反地，他們更習於變動，更渴望看到新的改變。新企業的主管們相信自己應該對工作負責，而不是盲目地對公司盡忠。

雖然這些例子無法完整反映出新企業的工作型態，但是在這些人身上，我們可以看到企業管理的新契機。

8.

新興的勞僱關係

　　在上一章，我們看到了四家不以穩定性及忠誠為管理重心而成功的企業。這幾家新企業超越了傳統企業無法達到的成就，解決了一些頗為棘手的難題，他們保有主管們的工作熱誠，並且在無法保證長治久安的情況下，仍舊建立起團結合作的精神。

　　這種新的企業型態與目前仍居主流的傳統勞僱關係大異其趣，後者強調員工應自公司獲取安全感及指示，在這種沿襲以久的觀念中，員工必須為了完成自己的職責不惜付出任何代價，而公司相對地提供員工們應得的照顧。在傳統企業中，這種無形的契約一旦破滅，勢必會造成人心的痛苦及埋怨。

　　在勞僱關係產生變化後，忠心耿耿的員工們似乎傾向

完全極端的反應，他們毫無選擇地變成了凡事「向錢看」、只為最高出價者賣命的「自由人」。然而，在我訪問過的所有對象中，所有人都認為這個結果對個人與公司都不是好事。

新企業的勞僱關係則有異於上述二者，個人是基於自發性、主動願意成為公司團隊的一分子，共同為一致的目標而貢獻自己的專業才能，我稱這樣的勞僱關係是基於「專業主義」的立場而形成一個共同體。並非所有的企業都採行這樣的勞僱關係，但是對某些公司而言，這是十分理想的管理風格。

在這樣的觀念裡，人們並非盡忠於某個公司團體，而是個人所擁有的技能、目標、興趣或合作之情。

公司並不保證永久僱用個人，但是可以提供個人發展自我興趣的機會及挑戰，同時，個人可以充分地與公司溝通自己的理念，以確保個人的權益。當公司所提供的一切條件都符合個人的理想時，員工們自然會為公司交付的任務赴湯蹈火、和其他人共同完成這個任務。他們所貢獻的並不是服從，而是自己的聰明才智：他們不會唯命是從，但是只要能夠達成任務，他們責無旁貸。只要公司的展望與個人的期許能達到某種程度的共識，這種勞僱關係就會一直持續下去，一旦雙方共識漸行漸遠，那麼說「再見」的時間就到了。

對個人與公司而言，這似乎是個「雙贏」的局面，只要公司對於某項任務投注相當程度的關心，就可以吸引有志之士一同完成使命。如果工作有所變動，公司必須能

夠適時地轉移重心；一旦個人的興趣改變了，他們也可以專心地追求自己的理想。事實上，在我研究的四家新企業中，大部分的主管們對自己的工作都十分熱誠，而且至少有三家公司有超乎水準的表現。

不過，知易行難。在實現這個理想之前，還是必須克服許多困難。接下來，我將舉出幾個例子來說明其難處，其中，就連表現最好的公司也有不少缺點。

然而，儘管這樣的勞僱關係仍有待改進，但是我相信這種以相同目標而結合的共同體在未來還是有很大的發展空間，它可以為現代企業解決許多棘手的問題，甚至可以改善社會上的諸多弊端。在這樣的共同體中，彼此之間的承諾及穩定關係形成了倫理基礎，因而促進彼此之間互助合作的情誼。此外，它也避免了傳統企業中個人權益受到壓抑的問題，人們不需要受到公司這個「大家庭」的限制而被迫放棄個人的特質。從我所研究的公司來看，這種共同體的發展的確指日可待。

主要的特質

首先，讓我再詳細說明這種勞僱關係的主要特質。

有責任感的個人

在我訪問過的主管中，做事最積極的並非那些為公司犧牲奉獻的人，而是能夠擁有自我的人。那些將一生奉獻

給公司的人，在公司轉型的過程中，自然會覺得迷惑不安、甚至有遭到背叛的感覺。相較之下，懂得發展自我的人雖然對公司有諸多批評，但是他們至少還能掌握自己的定位，在眾人不知所措時，他們還可以堅定自己的方向，不至於迷惘失措。

自我發展可以分成幾個不同層面來探討。有些人對某種技術的發展情有獨鍾，就像上一章提到的哈爾一樣。另外一些人則是認同於某項職業—特別是工程師及會計師。有許多工程師並不認為自己是專業人才，也鮮少參與外界舉辦的專業會議及座談，不過也有一些工程師相信，不論在工作上是否派得上用場，多多參與這類活動，並且隨時吸收相關的專業知識及技術發展的確非常重要。

另外一些主管就有趣多了，他們認為自己是自由之身，可以不斷地從一家公司跳槽到另一家，並且帶動週遭人們的活動力。舉例來說，請注意以下這位仁兄的口氣：

> 我知道如何規劃自己的職業生涯。我是眾所曯目的焦點，有百分之百的熱誠，絕對可以做個眾望所歸的專家。至於是不是能待在皇冠公司，那一點也不重要。在上一個工作團隊中，我管理得很好，大家各司其職，所以我才能夠專心發展新的計劃。中階主管們就是要把眼光放遠一些才行。

這一類型的主管相當強調員工的教育訓練、主管的領導能力及建立工作團隊等觀念，他們自己不但以身作則，同時也十分鼓勵部屬們群起效尤，因為他們認為這些觀念

有助於個人事業之發展。

　　另外，還有一群主管是以產業取向來挑選自己的職業。舉例來說，有些主管會為了想了解一家真正優秀的汽車公司該如何運作，而跳槽到了另一家汽車公司，對我這個「汽車白癡」來說，這可是一件難以想像的事情，但是真的有人這麼做了。此外，哈爾，這位來自鈇星汽車公司的主管，著實令我印象深刻：

　　　　三年半前，我從福特汽車公司轉行到鈇星汽
　　車工作。選擇來這裡是因為，鈇星能夠提供我在
　　福特得不到的機會，讓我能夠從事一些新工作。
　　在福特汽車公司裡，他們是不可能改變傳承以久
　　的制度文化，現在我在這裡可以負責黑貂專案的
　　製造工程，我真的覺得很興奮。在這個公司裡，
　　有好多團隊及制度等人們去開發。

　　這個人可以像其他人一樣大肆批評公司的短處，事實上他也根據自己在前一家公司的工作經驗提出了許多有待改進的地方。

　　專業主管們也相當強調在工作之外所背負的責任感，包括社會團體、政治、社團及家庭等。對忠心派人士而言，這些都只能算是「私事」，不應該拿來和工作相提並論，但是專業主管們對這方面則有很大的包容力。

　　對於女性及弱勢團體的權益，專業主管們也特別關注。在格拉弗公司中有一位非常傑出的黑人女性主管，在該公司中，只有她能夠體諒公司在裁員危機中面臨的處境及市場上激烈的競爭情形，同時，她在家庭及事業之間也

面臨了好幾次重大抉擇，在她的女兒進入青春期的那個階段，她的心中更是掙扎不已。對忠心人士而言，這種問題是不可言喻的，他們似乎認為在工作場合談及此事，就等於背叛了自己的公司。

對專業人士而言，除了家庭之外，還有許多值得關心的問題，他們比忠心派人士更加重視在工作以外尋求自我成長的機會。有些人對社會運動特別投入，因此也會在公司中討論這類的話題。關於這樣的例子並不多見，所以我並不打算多加著墨。但是，值得注意的是，專業人士擁有更多言論自由，可以就自己關心的議題公開在公司中談論；有時候甚至會因此組織相關團體，實際地關心這些問題。

這些關心的行為究竟適不適當，目前很難斷定。對忠心派人士而言，工作及公司至上，就連家庭也可以犧牲，但是在專業人士的眼中，晉升及轉職的重要性遠不及家庭，有時候就連自己的興趣及社會團體也比工作來得重要。我曾經聽說，有人為了這些工作以外的事情而放棄升職或換工作的機會。也有一些弱勢團體鼓起勇氣，不惜以工作為賭注，只為了向上級陳述自己所遭受的不平等待遇。即使在一個再開明的公司裡，要做出這些決定都很不容易。人們往往得為了這種「不忠」的舉動付出昂貴的代價。不過，隨著人們對社會團體的關注愈來愈多，企業也必須面對這些輿論的壓力。艾蒙公司的一位女性員工就指出：「十年前，如果公司要調我們的職，根本沒有人敢吭氣；現在只要你以家庭為理由拒絕調職，公司也不能

強迫你。」

因此，對專業主管來說，沒有一件事情可以輕易放棄，公司也不再是最重要的。

任重道遠的企業

成功的企業對於照顧員工的責任及義務，也充滿了使命感。

近幾年來，「使命」正和「團隊工作」一樣，成為企業界紅極一時的名詞，幾乎所有的大企業都對內部嚴正聲明，表達照顧員工們的使命。不過，正如大家對「團隊」的定義有許多不同見解一樣，各企業對「使命」的解讀也有所差異。

在新企業中，所謂公司對員工的使命是全面的，而且有時間限制，並不是恆常不變的價值觀，也不是用來當作獎賞。對企業來說，使命感讓他們至少在二至五年之內擁有前進的動力。

這種使命感與以忠誠為主流的企業文化是不同的，最重視忠誠的往往是最強調企業文化的公司。以下就是個十分典型的例子：

> 每個員工都會在管理制度的引領下，團結一致地為達到馬自達公司的目標而努力；唯有努力不懈才能締造不朽的企業。」

另外一個完全相反的主張，則著重於暫時、而且以達成目的為主的手段。通常，作風強悍的企業顧問及主管們特別偏愛這種激烈的主張，他們認為要有非常的破壞，才能有非常的建設，唯有顛覆過去干涉主義式的管理作風，才能突破管理上的僵局。不過我所研究的幾家新企業並不盛行這種激烈的改革手段，他們不贊同劇烈的變遷以及短視近利的作風，認為這種方式會破壞人們團結合作的精神。

　　相反地，新企業企圖在兩者之間尋求一個平衡點：一個既能維持員工們的工作熱誠及彼此互助精神，又不需要長久付出的方式。對現階段的企業組織來說，這是一個挑戰性頗高的關卡。

　　這樣的使命感並不是普遍的觀念，而是企業必須面對的基本課題，它牽涉到許多敏感的層面，包括減少預算及改善品質等，而且非常錯綜複雜。

　　由於牽涉層面過於廣泛，新企業並不時興將使命感掛在嘴上，不過中階主管們還是可以由公司目前著重的目標窺知一二，而這也將成為人們心中的優先課題。

　　巴克雷公司所採行的方法就是執行「零庫存計劃」，以減少成本；而亞派司公司則致力於開闢新市場。某位德斯特公司的員工說道：

> 　　總裁所做的決定，讓我們失去接受挑戰的機會，他放棄了五個我們十分渴望達成的目標，包括成為顧客滿意度第一及擠身業界三大巨頭之一的機會，結果我們都失去了為公司打拼的念頭。

我們團結在一起，將注意力集中在同一目標上，試圖研擬出解決之道。我們設法改善產品研發以獲取更高的顧客滿意度，同時我們也很在意利潤的多寡。我自己將精神都投注在研發部門，因為我知道在對手公司裡，研發及製造是屬於同一個部門，我們必須加強公司裡這兩個部門之間的協調性。目前公司還做不到這一點，不過這麼做必然可以減少各部門各自為政的問題。

共同目標：努力達成共識

一般認為，在專業管理的企業中，個人與企業的結合可稱為一種均衡的方法，或說是彼此協調的結果。這種情況絕非一般的談判，而是經過一連串開誠佈公的溝通換得的。

中階主管們大都認為這是個雙贏的局面。一位亞派司公司的主管說：

我在公司裡投注了大量心力，因此我對這裡絕對是忠心不二的。但是，我也有自己的理想抱負，有自己的價值觀，我不想一輩子靠領薪水過日子。

這種管理方式與傳統以忠誠為重的企業體制最大的不同點在於：人們可以毫無顧忌地暢談自己的需求，以及公司需要改進的地方。這些新企業比傳統企業更能夠容忍員工對工作條件的批評與抱怨，因為他們無法為員工們提供

永久的安全保障，所以相對必須重視如何滿足員工們其它的需求。

忠心派人士並無法接受企業目標隨時更動、公司不再需要他們的技能與支持等等重大的轉變。對他們來說，這並不合乎道德契約，他們始終相信，只要肯花時間、願意付出心血，總有一天公司會再重用他們這些忠於公司的人：

> 當初是公司把我們推到這個地步，我們也只好努力地朝既定目標邁進。如今，突然之間，公司認為我們不再具有利用價值，想把我們一腳踢開。我都已經在這裡工作二十年了，現在莫名其妙地被轟出來，你叫一個原本年薪六萬美金的四十五歲中年人到哪裡去找一份新工作呢？

相較之下，專業主管們多半認為個人與企業之間只存在著暫時的合作關係，一旦任務結束之後，兩者之間便一拍兩散。個人的作為能否符合企業現階段的方向是最重要的，而不是個人在公司的年資長短或公司對個人應負的責任。

這種個人與企業之間的關係，必須在雙贏的情況下才可能長久地維持下去，因此，雙方必須開誠佈公地擬定彼此應盡的義務及應得的利益，才能達到共識。唯有在這個前提之下，個人與企業才能共同合作，正如亞派司公司的某位「專家」所言：

什麼叫做精神契約？它的意義就是要將所有
事情透明化，我們說好了，要在討論會議中打開
天窗說亮話，絕不保留，彼此之間完全公開。

　　首先，要做到彼此坦誠，主管就必須提出自己的需求
及對公司的計劃。在傳統企業裡，這些事都是不可談論的
禁忌：如果沒有忘記的話，在第五章我們就曾經談到利可
公司無所不用其極地逃避任何必須說出自己心中想法的機
會，更絕口不提他們對工作品質的不滿。不過，專業主管
們就十分能夠接受這種有話直說的理念。企業領袖們很快
地就能夠體認到一件事情：對專業主管來說，家庭永遠比
工作重要，而向外界汲取新知的機會更是不可或缺。他們
審慎地看待員工們承受過多壓力時所爆發的埋怨。雖然有
少許人還是堅守沉默是金的信條，不過大多數的中階主管
們都很願意談論這些原本被視為公司禁忌的事情。

　　在另一方面，要做到彼此坦誠，企業也必須讓員工們
完全了解公司的計劃與展望。同樣地，在傳統企業自我封
閉的體制下，要做到這一點可謂難如登天。或許這種習性
是導因於在干涉主義之下，企業必須負責保障員工的緣
故。高層員工們往往會出自善意而隱瞞公司所遭遇的危機
（就像在利可公司所發生的事件），寧可自己承擔這樣的
苦惱，而不願讓部屬們「操心」。

　　然而，也就是因為這種態度，才使得個人與企業之間
無法達到良好的溝通：這種粉飾太平的做法只會讓企業握
有所有大權，而個人只能小心地唯命是從。在發展較順利
的企業中，誠實地交代公司的展望是基本原則，絕不開空

頭支票，也不隱瞞可能出現的變局。

　　個人與企業「協商」的過程中，最主要的依據就是，企業未來幾年的經營走向：

　　　　我認為企業最重要的工作之一就是，明確地立下未來的目標，這麼一來，每個人都可以衡量該目標與自己未來的志向是否一致。因為，如果人們在進公司之前就能夠發現公司的發展目標與自己的志趣不合，那麼就可以另尋高就，不必因為入錯行而白白浪費自己的生命。我一向認為，我個人的成功主要因為我的志向正好與公司的目標相輔相成，兩者並不衝突。

　　與傳統的干涉主義比較起來，專業主義者的觀點雖然有但書，並不是無條件的接受，但也不是完全「冷酷無情」，也並不違背職業道德。在專業主義的教條下，個人與企業之間還是有道德上的約束，如果雙方在協商的過程中完全坦誠以告，那麼在共同合作的那一段期間，彼此還是必須負起對對方的承諾。

　　所謂的承諾並不是絕對的，但是也有一定的約束力，一旦發生了變化，例如企業的表現遠不如預期，或個人得到了更好的工作機會，變卦的一方還是必須盡可能的協助對方維持穩健的發展。企業不必保證永久錄用個人，但是仍必須幫助個人克服如緊急裁員之類突如其來的變化，反之，個人不需永久效忠於同一企業，但是在離職之前，個人必須確保自己的工作不會後繼無人，在這方面，個人必須負擔的義務是：待在原工作直到公司找到遞補人選及幫

忙訓練新進人員等。

顯而易見的，個人及企業在責任義務的權衡之間有比忠誠更複雜的考量因素。忠誠十分單純且長久，專業關係卻是繁雜而短暫，雙方必須付出更多的關注才行。

目的共同體的潛力

我們在第四章所提到的傳統企業型態，對於環境的變遷及愈來愈多的挑戰，根本無招架之力。為了贏得長久的信賴，傳統企業對員工作出了許多承諾。然而這麼做的結果卻是，讓彼此承受了無比的壓力，讓大家都不敢發出改革的呼聲，一旦外界施予壓力，企業與其員工也只能承受，並沒有反擊的空間。

面對這樣的問題，許多經濟學家大力擁護「無約代理制」（Free Agent），認為這是一種因應方式。所謂的「無約代理制」標榜的是，讓個人自己力更生、不再依賴企業體制，不過這並非專業人士所追求的工作方式：他們相信公司的存在仍有其必要性。這些人的表現或許不盡完美，但是他們試圖追求的是，在公司體制之外仍然能夠團結一致的工作模式。

無約代理制的缺點

無約代理制的興起大約可回溯至 1980 年左右，這是一種相當薄弱的主僱關係，公司與員工之間的權利義務完

全訴諸於有形的契約。在這種理論中，為了更好的待遇而隨時走人是絕對合理的，而任意解僱員工也沒有什麼不對。

這種理念與企業忠誠正好形成兩個極端，因此它也被用作掙脫傳統的一種激烈手段，雖然1980年正是企業忠誠大舉沒落的時代，但是無約代理制的興起與當時個人主義之盛行並不全然是巧合。

不過，就當時的企業生態而言，市場訴諸此一手段只會加速舊秩序的崩解，而無法建構全新的體制。基本上，在我的訪問對象中，並沒有人贊成無約代理制，忠心派人士極其厭惡這種理念，視之為洪水猛獸，而專業人士也不認同這種以自我為本位的態度。雖然專業人士勇於爭取個人的需求，但他們還是十分重視挑戰，對他們來說，為了一己之利而棄未完的工作於不顧簡直就是錯誤的欺騙行為。

同時，他們強烈認為，無約代理制對企業有百害而無一利。即使那些經常轉戰於各職場的人也不贊同這種「老大」心態，他們認為，一心只想爭作牛首的人，必然會為了達到自己的目的而不惜犧牲公司的利益。一位德斯特公司的主管對我說：「起初我也僱用過一些『老大』，我很想看看像Dallas Boys那種人人都是菁英的公司會是什麼樣子，但是後來我發現，這些人的流動率太高了，所以我現在寧願挑一些『老二』來替公司做事。」在這個例子中，工作本身再一次成為試金石，唯有願意將心思花在同一個工作上，接受工作中的任何挑戰以完成使命的人

才，有資格提出進一步的要求。

　　當無約代理制盛行時，論功計酬的方式也隨之水漲船高。這聽起來是十分合理的制度，在1980年代也的確十分受用。在我的訪問對象中，大部分公司都曾經躬逢其盛。這個制度似乎能夠公平地鼓勵表現優良者繼續留在公司，並暗示表現不佳的人儘早另謀高就。

　　然而，大多數的主管們都表示，他們並不喜歡這種論功計酬的方式，也不認為這種制度能有效激勵人們的表現。想當然爾，這種核薪方式在忠心人士之間引起強烈反彈。事實上，1986年左右，當時以忠誠聞名的GM公司強行要求主管們按照論功計酬方式核發員工薪資時，就曾經遭遇長達一年的反對聲浪。基本上，這種核薪方式破壞了忠誠的原則一所有盡忠職守的人都應當獲得同等的待遇和保障。

　　值得注意的是，大部分的專業人士也對這種制度嗤之以鼻，他們強調團隊合作的重要性，並且認為企業不該製造一個自相殘殺的環境。為了維護自己的信念，專業主管們只好在其中尋求一個平衡點，既能彰顯個人的貢獻，也不至於抹煞全體員工的重要性。根據我的研究，沒有一位主管對自己公司的薪資制度感到滿意，在他們的眼中，如何在個人付出與團體貢獻、短期績效與長期表現之間權衡輕重，制定出兩全其美的制度，對企業來說，仍然是個難解的習題。

緩和壓力

　　這項研究的第一個部分，基本上是希望能夠證明在變化急遽、日新月異的情況下，以忠誠迫使人們共同為企業效力所能發揮的作用十分有限。無約代理制的主張與忠誠完全相反，但是也同樣有弊端。或許可以說，忠誠造成了太大的束縛，而無約代理制卻又太過於放任。

　　專業主義顯然是比較中庸的制度，它並不偏重企業或個人的需求，而是試圖在兩者之間取得兩全其美的平衡點。因此，專業主義讓企業與個人得以彼此協商，達到互利的目的。

　　環境變遷所造成的壓力，使忠心派人士茫然失措，也讓他們憤怒不已。他們找不出完美的解決之道，有些人甚至覺得自己是被迫接受了令人厭惡的無約代理制。事實上，這些人的反應未免過於極端了，他們跳脫出「凡事為公」的窠臼之後，卻又陷入了「自私自利」的盲點而不自知。由於對無約代理制之深痛惡絕，他們十分渴望回到以公司為尊的過去，只要能夠保有忠誠，他們就不願意放棄，結果就衍生出我們在第四、五章所看到的那種保守主義心態。

　　相較之下，專業主管對未來就更有信心了，他們能夠輕易地走出忠誠這個陷阱，也不至於再落入無約代理制的圈套中。專業主義的理念就是，在個人自由及對企業的責任之間取得平衡。

　　接下來，我想以一個例子來說明這個理念。在一次聚集了各階層主管的企管研習會中，我先提出了企業改革可

能引起的三種結果：忠誠主義、無約代理制及專業主義。大部分的主管們馬上表示，自己希望能夠當個對公司忠心耿耿的人，但是就如我們可以想見的，他們對未來卻感到徬徨失措，他們覺得既然公司違反了忠誠的原則，那麼儘管自己對無約代理制感到強烈不滿，可能還是得被迫接受這樣的制度：

> 我對公司是死心塌地的，但是在我擔任中階主管這十二年來，卻身受其害，因此我準備投向無約代理制。我工作的這個公司，可以輕易地獲得員工的忠心，因為…這家公司的生意經驗並不多，因此他們一向是依照自己的方式來闖天下。

> 但是後來發生的變化，讓我們不得不做出一些沉痛的決定—我們必須故作冷靜地告訴某些主管：「從現在開始，你再也沒有八萬年薪可領，每個月的房屋津貼也取消。」

> 於是，我慢慢體認到：這裡並不是個大家庭，而是個「商場」，這種感覺就像被人戴了綠帽子一樣不好受。我的意思是，你可以原諒一時的錯誤，卻永遠也忘不掉它帶給你的震撼，所以你可能會萌生「不如當個自由人吧！」的念頭。

不過，在會中也有一些主管清楚地表示，自己是屬於專業主義的經理人：

現在這個時代，想在我們這一行當個忠心耿耿的人很不容易，因為人人的工作都可能隨時不保，又怎麼可能會為公司效忠呢？如果要我說的話，我會告訴你：想要別人忠於你，那不如養條狗吧！

那麼，當個無約工作者比較好囉？

不，我寧可當個專業人士…至少我會覺得自己還有點用處，只要公司與我之間合作愉快，我會一直待下去。

值得注意的是，當「專業主管」們開始陳述自己的想法時，忠心派人士也開始認為專業主義或許是更好的選擇，雖然他們還需要一段時間才能適應這個轉變，但是專業主義遠比無約代理制好得多。當我以自己的觀點提出總結時，一位傾向專業主義的忠心人士回應了我的看法：

我認為，專業主義就像去蕪存菁後的忠誠主義。想在工作中享有家人般的溫馨、或希望別人能盡忠於你？有兩種方法可以達到這個目的，其中一個就是家父多年來的做法—擁有一份不錯的工作，一輩子為公司賣命，不斷忍受年年攀升的通貨膨脹率…。現在的企業更需要像家父這樣忠於公司的人。雖然企業獲得了員工對他們的忠誠，但是大家都知道那不過是兩廂情願的交易罷了。

這位主管雖然希望能夠保有過去那種「公司是個大家庭」的溫情主義，卻也未忽略這「只不過是交易罷了」，他更進一步將這種勞僱關係解釋為經過協商換來的短暫關係，而不是無條件地接受過去的傳統。

　　另一位自稱過去一向對公司忠心耿耿，現在卻不再一本初衷的主管則表示：

　　　　身為一個主管，我不認為我需要的是員工們的忠心，更不需要愚忠，我想，只知道唯命是從的人對公司沒有多大好處。如果人人都只是遵循既定的模式作事情，不懂得突破、創新，公司註定不會成長。

　　　　這就是個人與企業之間必須取得平衡的原因，我想，我們最需要的就是，找到最適合的中庸之道。

　　這個討論揭示了這次研究的宗旨：忠誠的沒落、無約代理制的缺失，以及截長補短的「專業主義」。專業主義倫理最大的優勢就是，它能夠在變動的環境下，在個人利益與企業需求之間取得共識，既讓人們感受到身處大家庭的安全感，也不至於落入犬儒主義的消極批判。此外，它也讓企業更易於適應新的環境，而不至於棄員工權益於不顧。

問題與警告：最佳典範之缺失

　　許多人對於鼓勵多變性而貶低忠誠的主張大感不解，因為這樣的觀念與人們對工作的認知背道而馳，而且也與所謂維繫良好關係的基本道德原則互相矛盾。對他們而言，這樣的主張似乎很容易導致人與人之間的猜忌與不和，而無法促進團結與合作。

　　人們必須嚴肅地看待這種懷疑的態度，我看過一些不按牌理出牌，結果也無法成功的例子。人們太容易將少數人的成功當作一般通則，結果一窩蜂地趕流行，在我們以別人的例子為榜樣之前，必須仔細思考其邏輯，並審慎探討其缺失，更要評估這些成功的例子是否能經得起時間的考驗。

　　我相信，對中階主管來說，專業主義及目的共同體這兩個概念是解決當前問題的上策，我們也可以針對這些理念之缺失，提出檢討改善的建議，但是，事實上還是有許多問題尚待克服。在我的研究中，即使是表現最好的企業，也有需要加強的弱點。

　　首先，在這些企業中，職業保障的問題未能得到真正的解決。萬一人們想要「換個更好的工作環境」，卻找不到新工作時該如何自處？

　　我並沒有針對目前正處於失業狀況的人進行過訪談，不過我知道他們此刻必定正面臨著十分艱難的處境。為了更符合本研究的主題，我所探討的重點主要是針對，失業問題是否將逐漸破壞個人與企業之間的共識。

除了少數幾位能夠實際展現自己專業能力的主管之外，大多數的專業主管對於未來的就業問題還是顯得憂心忡忡。當然，他們比忠心人士樂觀，相信自己的工作經驗是未來謀職的最佳利器，但是他們還是擔心這些經驗將來會毫無用武之地

目前人們只是暫時尚未遇到這樣的問題罷了。工作是長遠的問題，偶爾會因為其它的事情而耽擱，但是很少有人對未來有長程的計劃，大部分的人也都同意最後將因此而付出代價。

簡單地說，工作的變動性適用於大多數未曾轉換跑道的人，只有少數人能證明他們的能力足以勝任不同的工作環境。

於是這造成了第二個缺點：在我的研究中，所有公司存在的時間仍嫌太短，沒有一個能夠證明在多變而開放的工作環境中，新企業可以長治久安地延續下去。沒有一家公司將專業主義列為長期的管理方針，雖然有些企業成功地組織了聯合作業小組，但是其缺失仍舊太多，無法作為永久不變的標準。

在亞派司公司中，有些主管特別意識到他們距離真正的目標仍有一大段距離，他們強調某些聯合作業小組還是能夠發揮作用。這些企業已經是目前團結合作的最佳典範，但是他們的表現仍遠低於自己的期望：

> 聯合工作小組成員之間的手足之情還是無法擴及其他單位，我們必須多向外發展，與公司其它部門建立良好的聯繫，可惜能這樣做的機會實

在太少了。

因此，聯合作業小組所做的決策，往往無法全面顧及公司的階層。針對這樣的缺失，他們總是消極地逃避責任，也不敢做出明確的承諾：

> 我很難找到一個能夠果決地做決定的人，理論上，負責決策的人有機會接觸到實際執行者，在工作中也可以握有決定權，但是事實上，人們有的可能只是責任，而非權力，因此使其決策不夠堅定，他們也不願意自找麻煩。

其它的新企業中也有許多問題，以德斯特公司為例，之前提過該公司裡只有一部份高階部門得以健全地發展。雖然他們的人事問題牽連不大，但是高階主管們對於公司的決策卻有許多不滿與爭論。整體而言，德斯特公司的營運還是岌岌可危。巴克雷公司則是一家規模不大的小型企業，因此他們的人事問題也不嚴重，儘管如此，該公司的員工們大多寧可消極地逃避問題，而不願意互相依賴。

最有趣的例子是皇冠公司，該公司實行專業制度似乎已有三年之久，在外界的競爭之下，他們經歷了一場極大的轉變，將人力資源的運用發揮到了極致。然而，他們所採用的「品質改善程序「（Quality Improvement Process, QIP）也經過不少挫折。雖然他們並沒有解僱任何一個員工，但還是在重重壓力下才得以培養出員工之間團結合作的精神：因為他們的母公司將原本屬於皇冠公司的業務轉交給另一個傳統型公司，而且他們在這三年之

中曾經經歷過遷廠的變動。此外，當我進行訪談之時，他們正面臨了企業重組的壓力。

對於原本存在的團結體制而言，這些壓力顯得太過沉重，因此使大多數員工消極退縮。在皇冠公司中，還是可以嗅出些許專業主義的風格：員工們對工作的自信、犀利的商業眼光，以及對工作的責任感。很顯然地，在QIP的運作之下，人們大多能夠自動自發地彼此合作，然而大部分的員工都已經無力維持良好的互動關係了：

> 「公司面臨了很大的難關，這麼多的工作真的讓人喘不過氣來。人們都覺得自己孤立無援。」

> 「QIP現在正處於低潮期，最近我們根本沒有多餘的時間進行QIP。人們的確覺得很無助，我們幾乎沒有機會好好坐下來發發牢騷，和別人談談工作上的困擾。」

簡單地說，目前還無法證實專業主義是個健全的制度，雖然在該制度下，人們更能團結合作，但是卻不足以解決根本的問題：如何有效結合不同的團隊，共同為公司作事，而不需要一次又一次地重新建構起對彼此的熟悉與信賴。小型企業往往無法像大企業一般，有效地建立彈性化的問題排解措施，聯合作業小組的效力似乎因此而大打折扣。當大型社群面臨壓力時，團隊精神往往也消失殆盡。

最後我想強調的是：並不是所有人都適合生存在專業主義體制下。當那些一輩子盡忠於公司的員工們進入新企

業、重新適應全新的價值觀，並且覺得自己終於獲得解放時，大部分的人表示在新的工作環境中，他們有更大的成長空間，可以學習到以前無法獲得的知識；而且覺得工作更加有趣、壓力也減少了。但令我印象深刻的是，有些人卻沒有這樣的感受，大約有百分之十的人在新企業中感到徹底的失敗。儘管如此，他們已足以引發許多道德上的問題，同時也提醒我們一件事情：我們尚無法得知為了這種轉變，人們必須付出哪些代價？

種種的困難，讓我了解到：沒有一個例子能夠提供最完善的解決方法，一旦失去了企業忠誠，幾乎沒有一家企業能夠穩健地維持下去。專業主義體制本身對人們就不公平，它可能只會加深幸運者與不幸者之間的鴻溝，這些作為榜樣的企業，只不過為專業主義的實行提供一些可能性罷了。

專業主義到底欠缺什麼？

專業主義本身還是存在著兩大問題：

1. 無法建構出完美的企業體制，以減少階級制度，讓公司更開放自由，並且虛心接納員工們的不平之鳴。

2. 無法成功地打開就業市場，讓員工有更多的選擇機會。

本研究針對第一點做了許多探討，因為受訪對象大多

新白領階級

來自企業體制內。而第二點雖然經常受到忽視，但與第一點同樣是十分重要的問題。勞僱關係的改變，不但關係到企業本身的組織結構，更足以影響整個龐大的就業市場。

這兩個問題是目的共同體能否順利發展的重要關鍵。另外還有一個重要的認知問題，也就是在企業變遷的過程中，主管們的心理轉變。我之所以沒有在這一點上多加著墨，主要因為現階段尚無此需要，大部分主管們並不需要藉由心理分析來適應工作環境的變遷。我相信，在一個健全的企業體制中，公司有能力以正面積極的方式幫助人們由忠誠主義轉而接受專業主義。不過，有些人還是會產生適應不良的問題，因此，企業還是必須審慎評估，以減低對個人的傷害。

以聯合作業小組為基礎的企業組織

與企業組織問題有關的討論，一向涉及許多工作實例及文獻資料。專業主義最適用於以聯合作業小組為基礎的企業組織，這樣的共同體是因相同的目的而結合，這種企業的本質就是這些因應相同工作需要而組織起來的工作小組。

這就是以聯合作業為準則的企業，最能夠發展出專業體制的原因。不過我之前提到過，目前並沒有任何一個制度是穩定不變的。以聯合作業小組為基礎的體制非常難以建構，它並不是官僚主義修正後的結果，而是完全重新創造出來的制度，徹底瓦解近百年來的階級意識。

這個新制度至少有兩點尚待修正：

建立普遍共識

　　首先必須克服的問題是：如何在一大群個體當中，建立普遍的共識？官僚制度並沒有這樣的困擾，如同我們所看到的，在官僚體制中，大部分的主管們並不清楚自己的工作在整個大環境中的定位，其運作端賴人們盲目服從權威的心態，而不是他們對工作的了解與認知。然而，唯有在人們了解自己所處的環境、並且能夠思考自己目標的情況下，專業主義才得以維持下去，它的運作有賴於開放的溝通討論。官僚制度的主管們一時之間難以接受這這樣的機制，他們認為，這麼做只會在公司中引起分裂與混亂。

　　然而，再前一章所提到的四個新企業，卻證明專業主義是可行的。這些企業在重整的過程中有領先群倫的表現，員工們對公司有通盤的了解，因此能夠基於工作上的需要、針對公司的政策提出批評與建議，而不需顧忌自己的職位階層，

　　讓我以之前提過的兩個例子，來呈現人們在官僚體制與專業體制當中的不同表現。在第六章提到過賴克斯這位主管，他認為官僚制度有其存在之必要性，因為當人們對公事出現爭議時，階級之分成了最佳的「仲裁者」。然而，當亞派司公司的兩位高階主管發生爭執時，更高階的主管並未出面協調，反而將兩人組成一個小組，讓他們一起工作，直到彼此了解、達成共識為止。這種做法減少了高層主管出面「壓制」歧見所造成不歡而散的窘境，同

新白領階級

時這種讓人們為共同的目標而分工合作的方式，不僅化解雙方的爭執，更可以收皆大歡喜之效。

這個過程非常艱辛，亞派司公司本身就曾經發生過失敗的例子，他們經常遇到的障礙包括：員工們爭作老大、彼此勾心鬥角、或者根本不了解其他的工作夥伴。不過，亞派司公司的表現，已經是非常大的突破了，在傳統企業中，人們根本沒有公開溝通、彼此了解的機會。因此，儘管目的共同體尚未成為一種完全可靠的制度，但它的成功仍然指日可待。

官僚主義瓦解後，如何建立責任感

責任感是專業主義尚待改進的第二個問題。在專業體制中，人們會與許多不同的人組成不同的聯合作業小組，每一個小組都有不同的負責人，因此員工們可能同時有多位上司，也可能一個都沒有。在這種情況下，人們如何建立起工作上的責任感呢？

這也是一個難解的習題，我認為，雖然有實際執行上的困難，但是基本的理念非常清楚。在官僚制度中，責任感附屬於階級結構中，也就是說，每個職位的人自然有該負擔的責任，不需經過太多思索。在以聯合作業小組為基礎的體制中，責任感是需要培養或分配的，往往隨著不同的工作而有差異。

每一項工作都需要不同的人共同分擔才得以完成，因此，他們必須同意由誰來主事、目標又在哪裡。因此，在這些企業中，人們自然得花許多時間討論負責主導工作的

人選，有些人會自告奮勇，有些人會受到大家的推舉，有些人則因為對該工作的了解層面較廣而出線。接下來，人們就必須開始討論何時該有工作成果，每一個階段的目標又是什麼。如果工作進行得十分順利，人們就會按照既定的計劃一步步地執行。但是在這種多變而開放的環境下，要培養人們的責任心並非易事。

團隊的責任心與獎勵也非常重要。也些公司試著依個人表現來決定應得的報酬，然而，有時候在準備的過程中所花費的心力要比真正開始工作時來得多，因此，純粹以個人表現來下定論並不是非常公平。雖然一切尚未明朗化，不過，有許多企業開始朝向在官僚制度之外、成功地建立個人責任感而邁進。

關於這兩方面，還有許多細節尚待加強，我想強調的一點是，這些新企業的成功，部分歸因於過去二十年來的經驗與累積，因此，我相信其它的困難必定也有圓滿解決的一天。許多企業不斷將聯合小組的工作概念擴及整個組織中。過去十年來，許多廣受歡迎的企業管理論述，也大大宣揚這種新制度，唯有繼續努力，這個新體制才能夠更臻完美、有更好的發展。

開放就業市場

當人們全神貫注於開放性組織的發展時，往往忽略了另外一個同樣重要的問題，那就是我們該如何改善就業市場，讓人們在求職時能夠真正地擇良木而棲呢？這並不是單憑企業本身的力量就能做到的，它牽涉到整個大環境的

各行各業。

美國在這方面表現得比其他各國優越。眾所週知地，在日本，中階主管幾乎不可能轉換其它跑道，大公司中的晉升管道讓中年轉業變成幾乎不可能的任務。而整個日本社會，對於中年轉業者所投注的異樣眼光，往往也讓人裹足不前。在前幾章曾經探討過人們對於「外來者」的排斥及懷疑，早自二十世紀初起，企業也制定出優渥的獎勵制度，以防止員工不斷跳槽，同時更提供包括在職進修等實質補貼。由於這些福利都附屬於就業機會中，因此在那些由政府提供這些福利的國家裡，跳槽的風氣也就特別興盛。

為了在企業中營造專業主義式的工作環境，轉換跑道的空間就必須增加，主管們有權得知更好的工作機會、追求更高的待遇、更優渥的福利及更健全的教育訓練。基本的安全感是最重要的，如果跳槽到其他公司的人必須背負許多懲罰及風險，那麼就業市場不可能活絡起來。

在就業市場的走向方面，企業所能提供的幫助並不大。基本上，這樣的轉變有賴政府所擬定的規劃，譬如編列失業保險金、社會醫療救助服務、退休金補助及培養第二專長等。然而，自從干涉主義式微之後，人們便不再像二十年前那樣依賴政府了。

因此，現階段我們在就業市場的拓展方面，並沒有太大的幫助，唯有結合各方面的力量才能夠找出最適當的解決之道。我認為，目前需要的解決方式包含了三大要素：要有完善的社會福利措施及保險制度、政府的協調與監

督、全國主管人員的通力合作。

安全活躍的就業市場機制

目前有許多私人機構開始從事幫助中階主管轉業的工作，這也是近年來就業市場上最重要的發展。「獵人頭機構」（headhunting organization）之興起令我大感意外，許多企業透過這樣的機構尋覓適合的主管人才。在短短的時間內，他們就掌握了整個就業市場的生態。在我訪問過的對象中，大部分都曾經與獵人頭機構有過接觸，這些機構擁有四通八達的消息網，並且提供求職者許多就業機會。此外，一些專門協助失業人口的機構有如雨後春筍般林立。

然而，這些機構能提供的幫助依然十分有限，廣大的就業市場依舊呈現供需不均的情勢，而且他們所能做到的只是提供就業訊息，無法百分之百有效地撮合伯樂與千里馬。再者，這些機構也無法為求職者保障一定的收入、醫療風險及其它的福利。雖然如此，與現有的就業輔導單位比較起來，這些獵人頭機構的貢獻還是很可觀的。

要想達到完整的體制標準，最亟需改善的是個人保險及福利制度。舉例來說，到目前為止，主管們尚無法建立起為自己購買失業險的觀念。我認為這種觀念之所以無法普及，其中一個因素就是，大多數的主管及員工們仍然固守著傳統企業的價值觀，認為一輩子最好只待在同一家公司。但是一旦裁員風波持續惡化下去，人們很快就會體認到失業險的重要性。其它如醫療保障及退休金等制度發展

的情況，也和失業險相去不遠。

　　目前美國的保險公司尚未風行，人們對於保險公司在醫療照護上所能提供的援助也頗感懷疑，保險給付所能賠償的範圍也引起許多爭議。唯有在政府與公平機構的監督之下，人們才能享受到真正的保障。

政府所扮演的角色

　　在現今的政治環境下，政府幾乎無法提供人們百分之百的安全保障，雖然政權的移轉時有更迭，但是政府所扮演的角色是不變的，它必須負責整合所有的力量，提供人民生活所需的保障。談到就業市場之發展，政府所能做到的協助有以下幾點：

⊙ 政府可以將主管人才及就業機會分別建檔入庫，以利雙方之撮合。關於這一點，目前美國已有幾個州開始實行了，不過他們所涵蓋的層面僅有勞工階級而已。

⊙ 鼓勵納稅或儲蓄，將所得移作失業救濟金，幫助失業人口渡過青黃不接的時期。目前在美國有許多如個人退休帳戶(Individual Retirement Accounts)之類，專門幫助人們預先規劃退休生涯的計劃，政府也能如法炮製，協助人民為意外失業作事前的準備。

⊙ 政府應當負起管制個人保險的責任，並且作為人民的後盾，換句話說，政府必須成為人民的「保護傘」。

目前政府與就業市場、保險公司之間仍有許多爭議之處，此處不多作討論。但是最基本的原則是：勞僱關係的變遷必須有益於大多數的企業，而非獨厚少數人。政府與就業市場都是規模龐大而複雜的機制，美國正試圖在兩者之間尋求一個兩全其美的做法，而這正是大家樂見其成的。

勞工法改革也是迫在眉睫，1880 年沿用至今的傳統勞僱關係奠基於主從關係，忠誠更扮演著十分重要的角色，員工必須對雇主盡許多義務才能表現其忠心，然而雇主卻可以任意解僱任何員工。

很顯然地，這種主從關係並不適用於專業主義體制。在這種新體制中，主僱雙方必須對彼此的本質有所體認，兩者皆須承擔部分責任與義務。

過去數十年來這方面有很大的進步，無論是在政令或法規中，傳統那種「招之即來、揮之即去」的主從關係早已淘汰，過去一向被視為禁忌的個人需求，如今也受到許多保障，雇主必須尊重員工的家庭責任、宗教信仰、性別差異、政治理念及生理缺陷。

不過我們還必須加緊腳步，制定出一套合理且能保障勞僱雙方的政策。以下，我將上述專業主義體制中最基本的理念稍作整理：

1. 個人與企業必須坦誠告知所有可能影響彼此合作關係的資訊，包括企業未來的展望及個人在工作之外必須承擔的責任等。

2. 個人有權表達自己的意見，企業則應有相對的包容

　新白領階級

力。

3. 在雙方合作契約屆滿之前，企業必須給予個人合理的保障；個人如因故中途解約則應提前告知，並於責任完全移交於接手人之後，義務始告解除。

4. 企業應維持穩定及保障，倘若出現不可預期之危機，則應儘可能顧全個人之權益。

第三團體：經理人組織

　　僅靠政府及就業市場的力量，仍然不足以完全保障中階主管們的就業權，在兩者之間必須有負責撮合雙方的第三團體。政令宣導只適用於必須統一規範的事情，而就業市場則屬於個人的抉擇，一旦涉及社會團體，則需要有負責居中協調的力量。

　　單就中階主管的就業問題而言，所謂第三團體指的就是一般的「經理人組織」。這樣的單位有兩大幫助：確保福利制度（不論來自政府、企業或兩者）符合個人需求、協助主管人才作出正確的抉擇。

　　失業保險制度之拓展，可說是經理人組織的一大貢獻。如果人們以個人身分為自己購買失業險，那麼醫療保險措施的弊端—真正需要的人無法獲得適當的協助—將有再度重演之疑慮，唯有結合整個主管階層的力量，才能爭取最大的保障。這是美國退休人口協會（American Association of Retired Persons）多年前為其成員所規劃的保障方式，美國社會中有許多團體也都沿用這個方

法，包括各醫護團體及各種協會等。

經理人組織第二個功能就是，提供其成員豐富的就業資訊，協助他們在眾多的工作機會中，挑選最適合自己的抉擇。目前大多數人都無法有效地規劃自己的財務狀況，調整自己以應付工作上的風險，或做好退休之後的生涯規劃等。由於欠缺這方面的能力，主管們往往受限於自己不喜歡的工作而不敢有所突破。

經理人組織的第三個功能是，提供各家企業的資料給主管們作為參考，如此一來，主管們在求職時才能有足夠的資訊為自己爭取最好的合作機會。有些較專業的組織可以提供其成員關於服務單位的背景資料及薪資概況，有些更列出企業應達到的標準，讓主管們在談判時握有更多籌碼。

經理人組織能為主管做到的第四件事情是，幫助他們培養自己的專長。優秀的經理人組織尚會主動提供企業管理方面的課程，傳授中階主管們有關經營謀略、企業改革及團隊管理等專業知識，有了這些知識之後，人們的選擇性也大幅提昇了。

與專業人才不同的是，目前中階主管們還無法自動自發地參與這樣的組織。在我的研究中，大部分受訪者並沒有加入任何這方面的團體，另外那少數人所參加的團體可以分成兩大類：如同前面說過的專業組織，包括工程師或會計師協會，以及與社會認同有關的女性社團、同性戀者組織、殘障聯盟等少數團體。

在美國社會，少數團體仍是十分內斂的族群，因此很

難評估他們的勢力到底有多大。在我的研究中，也有幾位屬於這個族群的主管，其中兩位任職於艾蒙企業的人士在經過公司的認同之後，得以完全發揮出他們的才華，在公司大放異彩。然而在凱芮企業中的一個黑人團體則受到許多壓抑、不平等的對待，甚至嚴重到與公司對簿公堂。

近年來有許多研究使企業內部的少數團體逐漸浮出檯面，全錄公司（Xerox）近十年來任用黑人主管的比例大幅提高，堪稱其中最典型的代表。而電腦產業中顯然有更多人利用BBS大肆探討社會認同的問題。在這個新興產業中，許多公司並不重視企業忠誠，他們的網路通訊科技也遠比其他產業發達。

總而言之，大部分的少數團體並不認為自己是在扯企業的後腿，而視自己為均衡個人利益與企業需求的使者。這類的團體同樣也提供傳授企管知識的訓練課程，不過他們的焦點通常只限定在同一家公司，無法擴大格局、同時跨越不同的企業。此外，目前這些團體並不活躍，舉例來說，主管們參與全國性婦女組織或弱勢團體活動的情形就不甚踴躍。

我認為，大部分的企業仍然十分排斥任何一種形式的經理人組織，在忠誠的邏輯概念中，與任何鼓勵體制外活動的團體有所接觸機乎就等於是對公司的背叛。即使在外人的眼光中，這些組織活動有助於個人職業生涯的規劃，但以企業的角度而言，它們卻是工作上的絆腳石。很少人願意為了不可知的未來而賠上眼前的飯碗。

然而，這種看法畢竟過於短視近利，如果企業希望能

夠突破忠誠及官僚體制的限制，追求新的發展，就必須認清員工流動率必然會提高這個事實。經理人組織是主管們充實專業技能、尋求安全感、汲取新資訊的必然管道，這也是就業市場三個發展重點。

心理的適應

關於心理層面的問題，我只大略提出一點看法。有許多研究指出，管理階層裁員風波造成人們心理上的創傷及痛苦，我的訪問研究也正好證實了這一點。人們之所以感到痛苦，不只因為收入減少及生活水準降低，更是因為失去了社群的力量及對公司的信任感。其它研究顯示，這種心理受挫的現象大多發生在失業人口身上，但是我認為，那些仍留在企業中的人才是真正的受害者。

專業主義式的管理制度之興起，是否與這些人的心理轉折有關呢？我所得到的答覆是肯定的。在我的觀察之下，我發現當公司轉型為新企業之後，那些原本奉忠誠為圭臬的主管們，開始如釋重負般地展現驚人的活力與工作熱誠。

這種情況似乎證明了社群的力量在個人定位上舉足輕重的地位。社群是個人與團體之間的分際，社群共同的價值觀會影響個人對團體價值之判斷。社群的力量非常驚人，因為個人的思考深深受到社群規範的左右，因此一旦個人與社群中的人們有共同的關切目標，他們很快就能夠融入其中，適應一切的新標準。

新白領階級

不過，我的研究仍有許多未盡完善之處：我所訪問的對象均未曾受到裁員行動的考驗，因此他們並未真正面對失去對公司認同感的問題。此外，我並沒有研究過那些曾經服務於不同公司的人，無法掌握他們心理轉折的情況，而那或許遠比其他人所能預料的情況複雜。

　　林柏格（Paul Leinberger）與塔克（Bruce Tucker）共同提出的研究，令我印象深刻，他們的資料正好彌補我在研究中的不足之處，讓我可以從心理層面來探討曾遭解僱的主管們所面對的問題。由他們的研究中，我們可以得知一件事：培養堅定的意志力、保持自己的可塑性、避免過度依賴同一家企業，絕對不是那麼容易達成的目標。

　　他們對於成功克服失業問題的主管們所作的描述，與我所謂的「專業主管」有異曲同工之妙：這些主管們在經歷種種社會經驗之後，早已建立起個人獨特的身分認同，不再只是扮演著「經理」、「通用汽車公司的一分子」或其他的角色。他們將身為主管所擁有的社會責任、家庭價值等完全整合為身份的象徵，換句話說，在克服一切變化之後，這些主管們所關懷的範圍擴大了。

　　在這些主管的心理轉折中，有許多不如意的傷痛，也因為如此，他們更珍惜得來不易的自由，而不願沉溺在沮喪中。由於他們比別人多經歷過一段失落的日子，因此他們的眼光可以放得更遠、態度可以更謙卑，也更願意與別人產生良性的互動。這些主管並沒有因為一時的挫折而變成偏激的個人主義者，反而更融入團體的生活，對是非觀念的判斷也不再武斷固執，而會願意聽取各方的意見。

林柏格及塔克的研究對象，並非那種喜歡追求刺激與挑戰的積極型主管，而是在不斷變動的客觀環境中、不得不勉為其難接受風險的人。同樣的，這些人與我的研究發現不謀而合：最成功的企業主管並非那些無約的自由人，而是願意接受變化、願意承擔風險的人。

　　林柏格及塔克的研究，主要針對專業主管而作的行為分析，並探討使這些主管們由忠心人士蛻變成專業主管的心理過程。對那些身受裁員之苦的主管們，這一段心理調適過程既漫長且艱辛。由於林柏格及塔克的研究著重於企業體制外的個人，因此關於裁員風波中的倖存者，是否也會產生同樣的心理變化，他們也無法提出合理的解釋。

結語

　　專業主義式的勞僱關係可說是個人與企業之間的平衡力量，人們對於這種制度的期望不同於忠誠主義。在這樣的合作關係下，員工不需要視公司需求為第一要務，而是要發展出自己的特質與成就，他們需要的不是公司的保護，而是坦誠與溝通。基本上，這樣的合作關係足以面對多變的環境、也能夠因應不同個體的需求。

　　然而專業式的主僱關係還是存在著一些風險，它可能會成為企業用來逃避責任的藉口，對於無法脫離保護主義的主管們而言，這可能會造成很大的傷害。對個人與企業而言，在適應這種新關係之前，仍有許多地方有待努力。我已針對許多問題提出改善的建議，如果這些弊端無法根

  新白領階級

除，將來恐怕會造成更大的傷害。

9.

尾聲：專業主管

　　一直以來，企業內部的倫理都是權威式的，強而有力的企業組織為員工提供保障，而員工則相對地必須服從於組織的領導。自從發生中階主管裁員風波、企業改組等問題之後，企業組織已無法給予員工們職業上的保障，這會導致哪些結果呢？

　　根據我所做的研究，中階主管們並沒有因此而背棄自己的公司，也沒有採取任何「反擊」的行動；不過，我發現，一個讓這些主管們始終忠於公司的理由就是，他們對公司有強烈的依附感。同時，我也在這次的研究中，了解到對企業與中階主管而言，未來還有一段艱辛的路要走。

　　目前為止，最能夠保住主管們的工作熱誠及對未來展

望的，反而是那些經歷過最多變革的企業，他們打破許多官僚體制中僵化的結構，而以彈性的聯合作業小組取代。同時，他們也積極向外拓展自己的視野。在這些企業中，服從公司並不是主管們的最高宗旨，公司反而十分鼓勵主管們培養獨立自主、隨機應變的能力。

但是這些企業還是有許多仍待改進之處：雖然和那些不肯面對現實、只願緬懷過去的企業比較起來，他們已經進步了許多，但是這些新企業本身還是問題叢生。在企業結構上，他們需要更徹底的改革，包括建立新的管理制度，如此才能夠建構一個能永續經營的公司。尤其，他們更應該加強組織能力，俾使企業結構更加健全；設法拓展就業市場，讓所有人能盡其才；此外，更應該幫助那些在職場上無法發揮本身能力的人，讓他們重新找回自己的定位。

我必須再次強調，企業改革是個艱鉅的任務。企業道德與社會達爾文主義針對失業問題提出的解決方案並無任何共通之處，後者主張企業可以毫無顧忌地解僱任何員工，有實力的人也不用在意自己是否會遭到裁員，保持這樣的心態的確讓人們不須受到忠誠的箝制，但是卻容易演變為冷眼旁觀、片面之爭的局面，這是大多數人不願意見到的結果。

專業訴求與社會達爾文不同之處在於：講究專業素養的企業中，自然會形成另一種不需要依賴忠誠的合作意識，同時，在這樣的合作模式下，也蘊含著不同於以往的責任與義務。這種重整過程的規模十分龐大，而且也非旁

人所能理解，因此在實行的過程中自然會遭遇許多阻力與茫然失措的情形。在抗拒與不確定的情況下，企業邁向專業化的這條改革之路很容易就會偏離正軌，除非有企業領導者及員工的利益爲後盾，否則改革將會停滯不前。

爲什麼要改變？

　　由於人們的事業已不再那麼有保障，對公司的認同也逐漸消失了，因此他們必須自立自強、不仰賴公司，這就是企業必須革新最基本的理由。如果人們還是認爲只要有公司做後盾，自己的前途及人生規劃就會充滿希望，那麼他們終將大失所望，進而產生許多負面的情緒。

　　就中階主管而言，突如其來的裁員行動至少造成三方面的影響，其中就有兩種是不良的影響。首先，中階主管們可能將裁員視爲國際競爭或不公平的商業勾當而暫時引起的危機，也就是說，一旦危機過去之後，一切都將恢復正常，所以他們應該靜觀其變。我所訪談的對象中，有許多人抱持著這種消極被動的想法。

　　再者，主管們也可能認爲，裁員是公司自私自利、社會束縛力降低、道德感淪喪及人們枉顧情義、圖謀私利的後果。一旦主管們以這樣的心態看待企業界的裁員風波，那麼他們很可能會對公司漠不關心、不在乎工作上應盡的責任與義務，只求能有最令人滿意的報酬。但是大部分的主管們，並不希望看到這個樣子的自己。

　　在我訪問過的中階主管中，大部分的人對裁員的看法

都介於以上兩者之間，他們希望企業忠誠能再次受到重視，也很害怕它會就此消失殆盡。許多主管以往對公司付出許多心力，如今卻有被離棄的感覺，他們只能夠選擇以憤世嫉俗的心態面對所有的變遷，在左右為難的情況下，他們往往容易以逃避現實的態度武裝自己。

就中階主管們來說，這種兵荒馬亂的情況只有一個具建設性的意義：也就是將裁員視為轉型的一個過程，是新秩序的開始，而不是舊傳統的結束。這也就是成功轉型的企業主管們所抱持的態度，以那四個生氣勃勃的新企業為例，在改革的過程中，他們並非一昧地縮減預算，以求渡過難關，而是丟棄官僚體制下的沉重包袱，企圖建構以聯合作業為主、更具有彈性的體制。他們的改革重心由充實企業實力轉向以市場及顧客反應為訴求。同樣的，具有專業素養的主管們，也不再只是被動地靜觀事情的演變、或等待上司的指示，他們會主動培養自己的判斷力及專業能力。無論對企業或中階主管而言，裁員行動不只是受到外在壓力而形成的危機，更是主僱關係的重新出發。

破壞忠誠的力量

我已概略說明造成這些變遷的原因，也就是大量的彈性空間及多變的價值觀，兩者皆是削弱忠誠的關鍵。

由於忠誠的基礎建構在長期保障的承諾上，因此它所仰賴的是員工們的穩定性。對公司忠心不二的員工，需要仰賴公司提供的協助，他們願意耐心的等待，也可以容忍

上司對他們的質疑，甚至願意爲了長遠的保障而承擔一時的危機。但是令他們無法接受的事實是：這種有保障的日子已經一去不返了。

在 1970 年之前，大企業仍然呈現相當穩定的情勢，對於個人的事業不至於造成太大的影響。然而那個時代畢竟已經遠去了，如今，在我的研究中，幾乎所有的企業都表示他們在五年之內會有極大的改變，以因應科技的進步與市場的趨勢；同時，十年後可能還會再有另一波變動。誠如某人所說的一句話：

對於一個變動如此頻繁的公司，我能多忠心呢？

忠誠的另一項特質就是高度的同質性，員工們必須完全以公司的需求爲優先考量，個人的思想、行動或價值觀均不可與公司相悖。這些要求聽起來似乎很合理，但是一旦了解員工的私生活對工作所造成的影響，人們才能體會箇中涵意。就企業而言，員工蓄長髮可能有損公司的形象；對政治活動過於熱衷的人可能會破壞工作風氣；如果小孩不希望常常轉學，那麼你可能就不適合經常調職；你可能覺得女性在社會上常常受到歧視，但是你不該爲女性員工提出特殊要求；你只需要和其他人一樣，埋頭苦幹地做好自己的工作就行了…若是人們不遵守這些遊戲規則，或許不至於被革職，但是絕對會影響自己的事業，因爲企業發展是個人事業成就的重大關鍵。

然而，目前有愈來愈多人開始追求工作中的個人權益，他們不希望背棄自己的家庭，不論是女性、少數民

族、同性戀者或殘障者，人人都希望能夠獲得公司的認同與接納，這些主張可說是對傳統忠誠的一大挑釁。

過去二十年來，對彈性空間的訴求及各種權益的伸張，有日趨白熱化的現象。對企業及個人來說，彼此之間對未來有一個共識，那就是一切都不可能回到原點了。

爲何鼓勵專業主義？

現代企業並不需要員工的忠心。忠誠激勵員工們在工作上力求表現，儘一切努力完成自己的使命。不過在不斷變遷的環境中，光靠服從是不夠的，企業現在最需要的是讓人們爲公司貢獻創意，在工作中展現自己的才幹。

在這樣的趨勢下，個人必須懂得運用公司的資源，而非受其掌控。在尊崇忠誠的企業中，人們必須迅速地回應上級的命令，但是在目的共同體型態中，人們則須有效率地配合外界需求，在最短的時間內整合各種資源，主動爭取最佳表現，而不是被動地等待上級的裁示。

在第五章我曾經說過，對傳統企業來說，不服上級指示是絕對禁止的行爲。基本上，死忠派人士在公司中已經形成一股勢力，他們有權力一甚至是義務一抵抗任何侵犯公司權威的力量。因此，如果公司的命令一尤其是錯誤的命令一過於專制，他們認爲自己可以拒絕接受，但是他們絕對避免侵犯到別人的專業領域。他們不會質疑公司在政策方面的決定（就算他們在私底下總是抱怨連連！），也不會批評其它同事的工作，因此企業中的勢力範圍大致底

定，人人都謹守規矩，避免發生衝突。

　　然而，這樣的規範卻扼殺了人們的創造力，也阻礙了人們的應變能力，唯有在公司做好詳盡的規劃之後，員工們才會按圖索驥地找到自己的定位，知道自己該負責的工作。這也就是目前企業改革使死忠人士大感不解之處：

　　　我們大部分的人都很願意遵從凱芮公司的任何計劃，但是卻不知道如何著手。

　　目的共同體之形成，顯然更加令他們感到手足無措，以往被視為禁忌的爭論，如今都習以為常了，人們什麼事情都得爭，包括公司的政策及其它部門的工作方式。隨著這些爭執的出現，人們的創新及應變能力也表露無疑，個人的價值並不在於他們「願意為五斗米折腰」，而是他們能夠自發性地思考。

　　人們對於企業的責任及體認，阻止問題繼續惡化下去，如亞派司公司某位主管所說的「公司的原則可以把大家的力量凝聚在一起」，這種共識似乎可以取代上司的權威命令，成為另一股統一的力量。

道德方面的問題

　　經過本書在價值觀層面的探討之後，我對於保護主義中依賴性及保障之式微不再感到惋惜，不過，我們還是不該輕易放棄這兩個特質。一旦失去了共同的倫理價值，企業將會分崩離析，而個人也會頓失依附。即使企業已不再如過去那般握有強權，但是許多中階主管們依然強烈擁護

企業忠誠，因為他們認為除此之外，自己別無選擇。

　　儘管我一再躊躇著，是否應將種種問題的根源歸咎於人性使然，但大多數的人們確實表現出希望歸屬於某個大團體的強烈渴望，個人本位主義之存在是對道德責任的反擊。無論如何，誠如我所提到過的，許多主管們之所以不願看到忠誠被破壞殆盡，主要的原因就是害怕人們將因此而陷入本位主義自私自利的無底深淵中。因此，我要強調的重點是，專業主義制度其實可說是一種倫理的表現，也就是說，它的存在讓人們在追求自我利益之外，更需負擔一些責任及義務。

　　人們必須負擔的一項責任就是，確保工作的品質合乎要求。在第七章談到過的哈爾，就是基於這樣的責任感而走出自己技術本位的天地，試圖改善與各單位之間的協調合作。同時，團隊之間也因這樣的責任感而停止彼此明爭暗鬥的行為，共同攜手合作。在企業中，責任與義務可以達到均衡的目的，避免有人獨占利益。

　　我無法詳細說明這種複雜的新機制優於忠誠的原因，只能提出自己的一些感想。當我聽見主管們說，「我們大部分的人都很願意遵從公司的計劃」時，總是覺得有些不對勁；另外，以下這段話也讓我有同樣的感覺：

　　　　你欠公司的只不過是一整天的辛勤工作，但公司欠你的卻是完整的培訓計劃。沒錯！那是公司欠你的。

　　我覺得不對的地方是，人們對公司有太多額外的期許，也給公司太多「培養、發展」員工的權力，簡直就

新白領階級

像是把公司當作造物主般。忠誠使人們處於被動的地位，必須努力工作，然後等著接受公司的栽培，這種心理剝奪了員工們自我認同的機會。

在以忠誠為依歸的主僱關係中，員工沒有自我可言，這一點從上個世紀以來的勞工法規中便可以窺知一二，直到最近情況才有轉機。舉例來說，直到1970年代，法律才能保障人們拒絕服從違法命令的權利，法律上的理論是：命令合法與否是僱主的責任，因此員工有權拒絕違法的命令。在此之前，員工們必須無條件遵守公司的一切要求。

只要企業能夠提供保障及安全感，忠誠主義就是個可行的制度；一旦安全感出現了裂縫，它的缺點就一覽無疑了。看過這些面臨裁員的公司中為數眾多的中年主管，我只能寄予無限的同情之意，他們將一生的心血與青春貢獻給公司，到頭來卻換得失落與深深的傷害。這些令人同情的主管並不是遭到解僱的那一批人，而是裁員風波中的倖存者，他們對公司的依賴太重，以致於失去了自我。納得企業的一位主管說：

> 我再也不知道工作的意義是什麼了。我這麼努力，難道只是為了等退休嗎？為什麼公司不願意善用我的專業知識與技術？薑還是老的辣，我們可以把自己的經驗傳授給公司裡的小夥子，我們願意貢獻自己的所長。好好的利用我吧！我很樂意，也絕對能勝任。

人不應該如此卑躬屈膝，但是當他們有求於公司，而公司也的確能夠幫助人們發展事業、獲得保障時，人們自然會擺出這樣的低姿態。

「專業」主管們就不希望自己變成這個樣子。他們對自己的權利有另一番見解：

> 我不奢望公司能給我什麼樣的幫助，提出工作上需要的援助是我的職責所在，我也必須給予部屬同樣的支援，我並不認為公司欠我什麼。

請注意，這位主管並沒有說「我得先顧好自己」，他並沒有任何自私自利的想法，失望之餘的死忠人士們，才是最有可能抱持這種犬儒思想的人。專業主管認為，他們有權要求自己在工作上應得的協助，並且絕對恪遵自己與公司之間的協定。

專業主管們十分強調「以誠待人」，企業與個人雙方都有責任坦誠以對，說出自己心中所渴求的事情，並且不計一切地完成對彼此的承諾。這種主僱關係並不是銀貨兩訖的交易，而是以共同利益為目的、相互配合、彼此協助。除了金錢報酬之外，企業應該提供工作上的挑戰性與不同的機會，而個人則必須貢獻出自己的聰明才智以達成任務。

價值觀之重新評估

價值觀的轉變，與長久以來企業禁忌被打破有關。企業的首要責任就是提供獨立自主的空間、尊重員工所需，

並且接受「第三者」聯盟之存在。企業也應該鼓勵員工與上司之間的互動，更應幫助員工獲得獨立自主所需之知識與能力。

在忠誠主義倫理中，這些都是令人瞠目結舌的要求。事實上，在我的研究中，幾乎所有企業都拒絕這樣的改變，大部分的領導者承認公司已無法確保員工們的安全感，但是他們並不認同所有的後果。

唯一能讓領導者接受的做法是，開放員工與上司之間的溝通管道，在大部分的公司裡，這也是共同的目標，但是幾乎沒有一家傳統企業能夠徹底做到這個要求。其中，中階主管們似乎是最無法接受這個觀念的階層。

中階主管們本身並不希望公司廣開溝通之門，他們甚至於不想挑戰自己的極限，試著表達自己想法與意見。他們之所以裹足不前，一方面是擔心遭到報復，使事業生涯出現危機；另一方面則導因於相當複雜的心理因素。中階主管們通常對於反抗公司、伸張權利興趣缺缺，如果他們真的這麼做，那麼他們賴以維生的體制將受到強烈的質疑。

近年來的僱用契約中，愈來愈強調人們的自由權，企業界在這方面的確有很大的進展。但是企業到底能夠讓步到什麼程度呢？目前仍不可得知。對某些主管來說，員工臨時請假回家照顧生病的孩子並無可厚非，但是有很多主管認為這違反規定。大體而言，員工們的自主權近來有逐漸受到認同的趨勢，但實際上的運作仍有待改進。

隨著人們追求獨立的呼聲四起與外在壓力之高漲，企

業界的緊張情勢愈來愈嚴重。家庭問題尚不至於造成太大的糾紛，畢竟人人都有家庭，而家庭只不過佔去個人一部份的時間與精神，但是主管們隨時準備跳槽的舉動則被視為一大禁忌。

我認為，企業應該協助員工拓展自己與外界的互動。在以忠誠為依歸的企業中，人們努力工作的動機多半是為了追求更高的職位，員工們鮮少因為一時的錯誤而受罰，薪水也不會因此而縮水，只有在攸關升職時，平常不服從公司的人才會嚐到苦頭，而中階主管最害怕的就是無法在公司中平步青雲。

然而，萬一企業無法提供很好的晉升機會呢、如果表現與獎勵無法成正比，人們又為什麼要處處迎合自己的老闆呢？利可公司的一位主管給了一個很簡潔有力的答覆：

> 晉升機會並不足以影響現在的年輕人，他們會說：「管他的！這麼努力有什麼用？我又升不了職！」

大部分的主管仍否認公司中可以表現的機會愈來愈少了。不過，當我直截了當地談起這個問題時，他們還是承認了。年輕人的態度總有一天會擴及整個公司，到那時候，只有一個動機能夠激勵員工的工作士氣，那就是向他們保證現在的努力可以成為自己的資產，將來不論到哪一個工作崗位，別人都會重用你。企業的重要性是讓人們相信自己的能力，即使有一天離開了現在的公司，還是可以有出人頭地的機會。

如果企業沒有能力繼續「栽培」員工，無法繼續擔

任保護者的角色、關懷員工們的事業發展，那麼就必須接受人們向外尋求機會的事實，並實際給予鼓勵。這麼做必須重新評估自己的價值觀，但是卻是無可避免的責任。

具有參考價值的省思

目前為止，我都是以長遠的角度來探討企業在管理上的問題。現在，我想簡單地提出一些目前可行的方向。

公司的策略

首先，在這些有關人事管理方面的例子中，我們所得到的第一個省思是：企業在策略的擬訂上必須多鼓勵員工們的流通性，廣納各式人才、並且幫助員工們發展多元化的謀生技能；強調人們的獨立性，而非服從性。

在另一方面，企業不應急躁地以專業主義角度來看待主僱關係，除非員工們已做好心理及技術方面的準備，否則貿然的轉變只會造成更大的問題。

以下是一些企業在改革方面的成功經驗：

1. *釐清公司的目標*，根據我所提的重點，計劃二至五年的中程目標。

   在目前的企管「教戰手冊」中，這一點尚未受到普遍的重視。事實上，無論是一連串的階段性目標或長程目標，對於企業管理來說都是非常重要。不過依照一些比較成功的範例來看，二至五年之忠誠

目標是最恰當的選擇。

目標是企業與眾不同之處，它的存在為許多人的迷惑一人們為什麼要團結合作一提供了一個合理的答案。因此，它也是凝聚全體員工、共同為一件事情而努力的力量，而企業也就成為人們貢獻力量的對象了。

2. *以目標為中心，組織所有的力量*。所有的專案、工作及團隊都必須以達成公司的目標為使命，如果能夠確實做到這一點，主管們就不可能只顧自掃門前雪、不為公司的大局著想。不用說，公司的再教育制度及溝通管道也必須要切實執行才行。

企業管理不能夠倒因為果，唯有透過完善的員工教育及暢通的溝通管道，員工們才能更清楚地了解自己的工作。在許多出現問題的企業中，員工教育變成了一種華而不實的形式，因為主管們往往不懂得將學到的知識運用在工作上。

3. *鼓勵培養一般技能及專業知識*，所謂的一般技能與專業知識指的是，幫助主管們向外發展時能夠有備無患的自我能力。

發生裁員危機之後，只為遭資遣的員工介紹新職是沒有用的。介紹新職只能幫助少部分的人，但是對於挽回人心、改善工作士氣卻沒有實質上的幫助。一旦日常生活中不斷出現變數，人們自然開始自求多福、另尋發展。

企業能夠提供的實質幫助為：提供員工一般職業

能力之訓練與專業課程之敎授、加班津貼及職業推薦等。

4. *靈活因應員工個人的需求。*

　　關於企業政策該如何因應員工的家庭負擔、宗敎信仰、政治理念等個人需求，一向有許多不同的爭議，目前仍然沒有絕對可行的解決之道。不過唯一可以確定的一點是，企業必須嚴肅地看待這些個人需求，而不是像過去那樣一昧地要求員工將工作視爲第一優先。

　　在家工作、彈性上班時間、工作分攤與午休等權益，是目前許多公司用以應付上述需求的措施，這些只不過是起步罷了，而且，在一個尊崇忠誠的企業體制中，這些做法對於個人前途之發展仍然構成威脅。企業領導人必須體認到一點：員工有權兼顧工作以外的責任，不該因此而被貼上「不良分子」的標籤。

5. *經常檢討公司的展望、責任及表現。*

　　如果企業高層只顧不斷地頒布命令，再好的策略也無法發揮其作用。新興的主僱關係之本質是開放，企業與員工之間不斷透過討論與溝通，達成對責任義務、企業目標及工作支援之共識。

　　專業主管們並不期望公司特別眷顧他們，也不將自己的發展寄託在公司身上，然而，他們卻由衷地希望公司能夠明確地指出他們應達成的工作目標，也希望能夠有暢所欲言的空間，與公司達到雙贏的

互動。

　　就某些方面而言，在新企業中，由於一個員工可能同時有多位上司，因此這種與公司對談的溝通方式在實行上確有其難處。在人員的配置上，公司必須更審慎地思考，以求人能盡其才。除了要求員工的工作表現外，更要關心他的個人需求。

　　到目前為止，最好的解決之道是由職位較高的上司負起指導之責，聽取所有人的意見，並共擬未來的計劃。如此一來，即使不在上司的監督之下，部屬也會自動自發地恪盡職守。在這種情況下，上司所擔任的角色是在公司與個人的需求之間取得平衡點，達成兩全其美的結果。

6. *設立依附於個人的利益制度*

　　在變遷的環境中，人們需要一個完善的制度，確保他們在另謀他職時，原有的年資及權益不會受損，如果企業能夠體認到這一點，就可以朝這個目標而努力，目前美國在這方面已有些許進展了：包括政府在內的許多單位已經開始倡導建立個人退休帳戶的觀念，並且小有成就。就我所知，另外一個機制目前並未受到產業界的採用，而是專為大學教職員設計的方案(TIAA/CREF)，幾乎全美大學機構都適用這項保險制度，確保人們在換工作之後，年資仍然可以沿用，退休金並不會因此而損失。

個人如何充實自己

就個人方面來說，專業主義的主僱關係必須再建立起人們對工作的責任感。我認為在短期之內，個人可從三方面著手充實自己，以因應不時之需。

1. 培養一般技能

相對於企業應鼓勵個人培養一般性的職業技能，員工也應該有這方面的準備。真正的專業主義有一個獨特之處，就是積極地向外尋求進步的空間，並且依照個人興趣選擇需要的訓練。有些人選擇加強自己的談判技巧、有人專攻經營謀略、有人則學習一般企管技能與企業改革等。

除了個人習得的技能之外，人們更可以學習到公司以外的商業世界是如何運作的。這些人每天忘閱讀報紙的財經版，對於激烈的商場競爭頗有見地；有些人除了關心財經新聞之外，對貿易方面也多所涉獵。他們對公司的展望有獨特的見解，對公司往往也能提出精闢入裡的建議。

2. 建立對外關係、朝多方面發展

俗話說：「滾石不生苔」。在傳統企業中，要想出人頭地就必須在一家公司奮發向上、力求表現。讓死忠人士對企業改革感到沮喪不已的其中一個原因，就是這種內在制度的崩潰。然而，如果在職業生涯中不只待在一家公司，那麼對外關係就扮演了非常重要的角色，人們必須透過與外界的聯繫來建

立起自己的特性，並找出自己的定位，才能在各企業中無往不利。人們透過這種方式尋求發展的可能性，不必再像過去那樣將自己的一生孤注一擲在同一家公司裡。這是個比發展技能更重要的觀念：這是發展自我意識、爭取榮譽並拓展自己前途的重要契機。

其中非常重要的一點是：個人所發展的對外關係必須能增廣見聞、有助於事業的發展。對許多主管來說，積極參與各種專業組織與活動就是一個很好的管道，另外，在各大專校中也提供許多相關課程與學位，這也是另一個為自己加分的好方法。

另外一個十分重要的管道，則是包括宗教團體、婦女協會、左鄰右舍等所有能讓人產生認同感的社會團體。如果你將一切的價值觀寄託於公司的成敗，那麼你在這個變幻莫測的時代中注定會是個失敗者。傳統的企業政策並不鼓勵員工發展對外關係，因為公司的重要性至高無上；現在這種觀念已經不符合時代潮流了。

最後，多多參與一些以共同安全感為基礎的活動，也是一個很好的投資。專業性組織在產業界愈來愈具有舉足輕重的地位，他們為受到不平等待遇的主管伸張權益，並且透過各種管道爭取公平合理的主僱關係。在專業管理方式的倫理中，個人有向公司爭取合理待遇的權利，而不是凡事以公司為重；儘管如此，如果缺乏一些支持的力量，個人往

往無法得到應有的權益。

3. 平時儲蓄以防不時之需

　　就和其它的建議一樣，只要個人的心中做好另謀出路的打算，那麼自然也會警惕自己多存一些錢，以備不時之需，不過往往缺乏有系統的計劃。人們通常會為子女準備一些教育基金，一旦面臨失業的窘境，可能會先挪用這筆資金；很少人會專為自己儲蓄以供失業期間使用，但這是個愈來愈無法避免的趨勢。

　　儲蓄並不能解決所有的問題，但是卻不失為分擔風險的好方法。有些主管被解僱的機率就是比別人大，即使他們並沒有犯下任何過錯。藉由個人保險及政府補助的協助，絕對有助於穩定就業市場，然而，除非這些機制的發展夠成熟，否則人們還是得自己承擔這部分的風險。

　　對未來的期望決定人們現在的行動。如果中階主管們還是希望能夠在同一家公司裡安然度過下半輩子，必然得繼續承擔被解僱的風險及迷惘；如果企業希望能保有員工的忠誠，那麼積極為未來作準備的主管們就顯得多慮了。

　　我是在假設人們不願意一輩子待在同一家公司的前提下，提出以上幾點建議。唯有在人們願意在企業體制之外建立自我認同、尋求保障、發展興趣及價值判斷的情況下，這些建議才能夠派上用場。既然企業再也無法提供中階主管們事業上的保障，就應該鼓勵他們發展這樣的對外

關係。

結語

　　根據我在本書提到的十四家企業中所做的研究，我發現，那些始終堅持企業忠誠的公司普遍的表現不盡理想，而這個觀察的結果，也就是本書的立論基礎。死忠人士在企業裁員及改革的過程中，感受到無比的失落與慌亂；依賴忠誠為管理制度基礎的企業，也因為抵擋不注潮流的衝擊，而顯得對外界漠不關心，並且始終拒絕改變現狀。

　　儘管如此，要完全放棄忠誠倫理畢竟非常不容易。在層層分明的階級制度中，所有的事情都經過妥善的分配與安排，運作起來井然有序而流暢。同時，在這樣的制度下，企業是以對員工的保障來換取他們對公司的忠誠，而這樣的風格也可說是傳統文化的一部份。柏拉圖的「理想國」就是最早基於這樣的概念而建構的理念。

　　人們為了打破這種舊制度中不平等的一面、爭取自我的價值及可貴的自由，因而產生了過去數個世紀以來不斷持續的資本主義革命，在那之後，市場大舉開放，而刻板的階級制度亦不斷受到嚴重的打擊。

　　然而，市場雖然得以自由化，卻缺少了足以取代傳統倫理的新秩序。偉大的經濟學家熊彼得(John Schumpeter)在很久之前就指出，人們企圖推翻的傳統共有共享原則，其實正是資本主義得以延續下去的價值觀。

　　因此，企業還是非常需要以社群為基礎，才得以繼續

發展，只不過這時的社群概念已轉化為本書所說的「干涉主義」，也就是所謂的「封建制度」或「部落意識」。這種制度又將企業帶回過去以忠心換取保障的交易形式。

由於主管及企業領袖們強烈渴求歸屬感，因此他們很難接受傳統社群逐漸沒落的事實，他們總是對過去念念不忘，祈求縮編問題與裁員風波只是一時的難關，而抗拒週遭環境的劇烈變遷。結果，他們更無法做好迎向未來的準備。

表現較成功的企業尋求的是更公平、更尊重個體發展的主僱關係，這樣的改變使企業組成分子由一群為公司付出的人，轉變為一群為了達成共同目的而團結合作的專家。這樣的企業模式還有許多未臻成熟之處，但是它已經讓那些仍陷於一團迷霧中的中階主管們看到了一絲曙光、一線生機。

附錄

茲將本研究中各企業之背景及訪談資料節錄如下：

亞派司

- 研究地點

  總公司及工廠

- 公司規模

  中型企業

- 產業類型

  重製造業

- 母公司

  大型企業集團

- 成立時間

  五年、曾經歷過重組

- 訪談對象

  ❶ 中階主管：

　　　　　　1989 年有 *13* 位，*5* 位個人訪談、*8* 個小組訪問

　　　　　　1991 年則有 *10* 位接受訪問

　　❷ **領導階層：人力資源部門**

・**是否經過縮編**

　　　否─該公司仍處於擴張階段

・**公司結構之變革**

　　　聯合作業小組為主，不強調正式的階級職銜

・**企業文化之轉變**

　　　不拘泥形式、講求平等，員工充分擁有自尊及工作熱忱

・**薪資制度**

　　　仍在修訂中；希望工作表現佔薪資核定標準的 *20%*

・**內部溝通管道**

　　　溝通管道暢通，經常舉辦正式或非正式的討論會

・**公司表現**

　　　任何一方面表現都超乎水準

・**員工士氣**

　　　極佳

・**中階主管們對公司營運狀況之認知**

　　　對公司的產業結構及本行的趨勢瞭若指掌

・**員工忠誠度**

　　　低：員工們非常喜歡公司，但缺乏前瞻性

・**與高階主管們的關係**

　　　敬而遠之

巴克雷

- 研究地點

  工廠

- 公司規模

  中型企業

- 產業類型

  重製造業

- 母公司

  大型單一產品製造

- 成立時間

  舊式工廠，兩年前曾遭重創

- 訪談對象

  ❶ 中階主管：

  1991 年有 9 位， 2 位個人訪談、 7 位小組訪問

  1993 年則有 5 位接受訪問

  ❷ 領導階層：1993 年與工廠主管進行過短暫訪問

- 有否經過縮編

  經過裁員及重創之後，工廠規模明顯縮小

- 公司結構之變革

  原以工廠之功能性為主，後來則以供應主要客戶需求為

  主

- 企業文化之轉變

  由父權權威至注重工廠商業功能，有極大的轉變

- 薪資制度

  較注重工作表現，有些員工因此而產生不滿

- 內部溝通管道

  大都採用私下溝通，很少依規定行事

- 公司表現

  非常好，營運狀況徹底好轉

- 員工士氣

  極佳：員工情緒高漲、積極，不過也因此產生些許工
  作壓力

- （中階主管們）對公司營運狀況之認知

  極佳

- 員工忠誠度

  低：大部分員工都十分喜歡這家工廠，但是續留的意
  願也不高

- 與高階主管們的關係

  工廠主管及廠務助理促使工廠的革新敬而遠之，高階主
  管大都對下屬委以重任

皇冠

- 研究地點

  總公司

- 公司規模

  中型企業

- 產業類型

    綜合設計製造

- 母公司

    大型企業集團

- 成立時間

    過去奉行官僚主義，*1980* 年左右由主管著手進行改革

    目前主管們較低調，但仍維持基本的威嚴

- 訪談對象

    ❶ 中階主管：共 *8* 位，來自 *2* 至 *4* 個不同階層

    ❷ 領導階層：人力資源部門主管

- 有否經過縮編

    曾經有過：*1970* 年曾進行裁員，自此維持精簡人事結

    構

- 公司結構之變革

    人事精簡的官僚主義，員工分成數個不同工作團隊

- 企業文化之轉變

    員工參與感很高，對公司活動參與踴躍

- 薪資制度

    很少依功過決定薪資，公司擁有主控權，員工們有所反

    彈

- 內部溝通管道

    經常舉辦大小會議，導致員工們彈性疲乏

- 公司表現

    極佳

- 員工士氣

  很好，部分員工感到孤單、壓力大、工作量不堪負荷

- （中階主管們）對公司營運狀況之認知

  極佳：對公司營運方針與市場競爭情形瞭若指掌

- 員工忠誠度

  中等：許多員工嚮往至總公司做事，其它人則傾向跳槽

  員工們並不認為自己應該死守著這家公司

- 與高階主管們的關係

  覺得孤立於總公司之外對主管十分尊敬

得斯特

- 研究地點

  總公司

- 公司規模

  大型企業

- 產業類型

  高科技製造

- 母公司

  （獨立公司）

- 成立時間

  30 年，4 年前新 CEO 就任後，公司也開始出現危機

- 訪談對象

  中階主管—10位，大多是副總裁（比總裁特助低一階）

- 有否經過縮編

    1985 年首度縮編，此後並持續進行大規模裁員

- 公司結構之變革

    由功能性轉為商業取向

- 企業文化之轉變

    由重視科技的父權主義轉變為較注重商業機能

- 薪資制度

    以工作目標為主，愈來愈偏重員工表現

- 內部溝通管道

    過去極端缺乏溝通管道，目前已逐漸改善中近來因工作
    小組之成立，溝通管道逐漸暢通

- 公司表現

    整體而言並不佳：忽略行銷部門主管們頻頻抱怨數年前
    所做的決策主管們認為營運狀況已有改善，但仍有進步
    空間

- 員工士氣

    非常好：對公司的危機甚表關懷及了解，仍然看好公
    　　　　司前景非常團結

- （中階主管們）對公司營運狀況之認知

    極佳：十分清楚公司面臨的競爭，並了解公司的長期營
    　　　運方針

- 員工忠誠度

    忠誠度面臨考驗，但仍十分高昂，同時，中階主管們開
    始重視「專業」，並考慮自行創業

· 與高階主管們的關係

　　一般來說非常尊敬，但十分關心高層的紛爭

艾蒙

· 研究地點

　　總公司及工廠

· 公司規模

　　大型企業

· 產業類型

　　製造業，以加工為主

· 母公司

　　大型單一產品公司

· 成立時間

　　舊式壟斷的官僚主義

· 訪談對象

　　❶ 中階主管：

　　　　19 位（6 位個人訪談、13 位小組訪談），包括幾位

　　　　督導及工廠經理

　　❷ 領導階層：區經理

· 有否經過縮編

　　近來裁員 5%、5% 自行退休

· 公司結構之變革

裁減部分階層、精簡人事，成立聯合作業小組

·企業文化之轉變

　　以5年時間進行一連串計劃，包括「如何正確經營」品質方面的問題等

·薪資制度

　　愈來愈強調功計酬，員工們抱怨這種新制度造成人們之間的競爭，而非合作

·內部溝通管道

　　員工不畏於暢所欲言，但溝通管道極少，只能向直屬長官反映

·公司表現

　　整體表現佳，但有些許衰退的趨勢

·員工士氣

　　員工士氣高低不一，整體來說還算積極：員工出發點均為好意，但有些人感到困惑、退縮。督導人的工作士氣較低落

·（中階主管們）對公司營運狀況之認知

　　缺乏資訊

·員工忠誠度

　　過去非常忠心，但近來已有動搖

·與高階主管們的關係

　　疏遠

費克斯

- **研究地點**

    總公司

- **公司規模**

    大型企業

- **產業類型**

    製造加工

- **母公司**

    大型單一產品工業

- **成立時間**

    舊型壟斷式官僚·

- **訪談對象**

    中階主管：6 位（3 位個人、3 位團體）—包括業務
    主管及一位 OD 主管

- **有否經過縮編**

    三度強制提前退休，員工人數大幅減少

- **公司結構之變革**

    逐漸由功能取向轉為以業務取向實施人事減肥，刪減部
    分階層少數部門開始實行聯合作業小組

- **企業文化之轉變**

    強烈的父權主義作風，高級階層多為空降部隊

- **薪資制度**

    大幅降低，開始主重論功計酬

- 內部溝通管道

  只能透過督導來反映員工問題，缺乏正式管道與機制

- 公司表現

  在經營與財務方面表現良好，但稱不上傑出—仍面臨革新壓力

- 員工士氣

  介於好壞之間枕戈待旦、滿懷希望但孤立無援

- （中階主管們）對公司營運狀況之認知

  已有改進，但仍沉溺於公司過去的表現中

- 員工忠誠度

  對公司十分關注，也能體認公司中的變化，但大都無所適從

- 與高階主管們的關係

  時有變化，關係疏遠—只等著冷眼旁觀對高層的能力有信心

葛拉弗

- 研究地點

  總公司、工廠

- 公司規模

  大型企業

- 產業類型

  重製造業

- 母公司

  大型單一產品

- 成立時間

  面臨危機的壟斷式官僚主義

- 訪談對象

  ❶ 中階主管：

  1988 年共訪問 11 位，包括製造部、公共關係部主管、2 位工程主管、9 位總公司的主管及 2 位工廠主管。

  ❷ 領導階層：

  1988 年訪問人力資源部主管，並與高階人員研討研究結果並聽取他們的回應

- 有否經過縮編

  過去數年來員工人數因退休及離職而減少 25%

- 公司結構之變革

  1997 年再度進行了一次連中階主管們也不清楚原因的改組

- 企業文化之轉變

  一團混亂—公司十分強調產品、講求對員工充分授權及員工之間的團結合作，但主管們無法體認這個目標唯一清楚的一點：愈來愈講究產品品質

- 薪資制度

  愈來愈強調論功計酬，因此引發許多不滿

- 內部溝通管道

相當仰賴人際關係─有些人認為可以和自己的長官懇
談，有些人則不以為然；有些人與上司交情不錯，因此
可以減少許多麻煩；此外，人們也避免在公司中引起糾
紛。

- 公司表現

  非常糟

- 員工士氣

  員工士氣高低不一，對眼前感到困惑、孤立，卻又希望
  將來會更好基層情況更糟

- （中階主管們）對公司營運狀況之認知

  一般而言，公司只重視產品品質，卻忽略其它事情

- 員工忠誠度

  高，認為「一切都會雨過天晴」。

- 與高階主管們的關係

  非常尊重高層領導。一般來說，該公司員工非常聽從上
  司的指示，但對其方針卻愈來愈無法了解

哈定

- 研究地點

  工廠

- 公司規模

  中型企業

- 產業類型

  重製造業

- 母公司

  大型單一產品企業

- 成立時間

  舊工廠、過去表現始終不佳，近來有很大的進步前任工廠主管作風強勢，對員工掌控極嚴格；新任主管則是一位屆退休之齡、作風溫和、十分關懷員工的主管

- 訪談對象

  ❶ 中階主管：14 位（4 位個人訪談、10 位小組訪問）

  ❷ 領導階層：工廠主管、人事主管

- 有否經過縮編

  有部分員工自行離職，近來則有小幅裁員行動員工開始擔心裁員行動會擴大

- 公司結構之變革

  近來將重心放在工廠之改革，但並未做太大修正—人們的工作與從前大同小異。

- 企業文化之轉變

  現任工廠主管傾向於實施聯合作業小組，不再專制獨裁

- 薪資制度

  強制論功計酬，員工十分不滿

- 內部溝通管道

  儘管近來在個人溝通上做了許多努力，但整體的內部溝通還是不暢通，大部分員工還是擔心被列入黑名單而不敢暢所欲言

- 公司表現

不佳，有些許改進（根據工廠主管及總公司代表的說
法）

- 員工士氣

  高低不一，比工廠主管低兩個階級以下的員工們對前途
  並不樂觀，對公司時有抱怨。較高階的人則較樂觀

- （中階主管們）對公司營運狀況之認知

  高階已有進步，但基層仍缺乏認知

- 員工忠誠度

  仍然忠於公司─雖然大部分員工認為別人對公司已不再
  那麼忠心，但大部分的人都認為自己還是一本初衷

- 與高階主管們的關係

  對新任主管頗尊重與母公司十分疏遠

艾梭尼

- 研究地點

  工廠

- 公司規模

  中型企業

- 產業類型

  製造業

- 母公司

  大型單一產品工業

- 成立時間

舊型壟斷式官僚主義，近來因競爭而有所改善

- 訪談對象

  ❶ 中階主管：

  9位─包括資深工程師在內之督導以上主管及一名視察人員

  ❷ 領導階層：工廠主管

- 有否經過縮編

  員工人數因退休而減少 50%，其中有一些人史無前例地被迫退休

- 公司結構之變革

  刪減部分階層，由功能性轉型為生產製造廠

- 企業文化之轉變

  更加偏重商業功能

- 薪資制度

  以新頒的小組獎勵制為主，以職務界定獎賞，因此引起部分員工不平之鳴

- 內部溝通管道

  1983 年成立許多協調會，因此有些許助益

- 公司表現

  介於不佳及尚可之間

- 員工士氣

  不一但偏低，人們普遍感到迷惑，有些人感到憤怒、不信任公司

- （中階主管們）對公司營運狀況之認知

缺乏認知，只注重產品的發展，不在意公司營運方針與
生意競爭

· 員工忠誠度

缺乏資料：該公司是我第一次訪問的對象，當時對員工
忠誠度的了解並未深入探討

· 與高階主管們的關係

非常低調，即使有接觸也僅止於產品上的討論，與工廠
主管的互動情形較佳與高層主管之間有較大分歧

JVC

· 研究地點

總公司、工廠

· 公司規模

中型企業

· 產業類型

製造業

· 母公司

大型舊式企業、盛行壟斷式父權主義

· 成立時間

逐漸沒落之壟斷式工業，生產方式亟須創新。1969 年
以前為家族企業，在 80 年代中期之前盛行專制管理方
式，新任負責人接任後較積極參與公司管理，現今則嚴
格的管理手段

· 訪談對象

❶中階主管：*19*位（*7*位個人訪談、*6*位小組訪問）

❷領導階層：某位總裁直接下屬

- 有否經過縮編

  *4*年前首度有 *50* 位表現不佳者遭解僱

- 公司結構之變革

  *6*年前從功能性轉型為商業型，但目前仍以功能型為重

- 企業文化之轉變

  過去7年開始，父權主義開始鬆懈，由於財務緊縮而減

  少對員工之掌控現任總裁實施高壓統治，並不重視屬下

- 薪資制度

  依職務等級而分，員工少有怨言

- 內部溝通管道

  極缺乏溝通，員工大多怕事員工在私底下告訴我實情

  （他們因害怕遭上級責罵而將不良產品送出給客戶）

- 公司表現

  中階主管們認為工廠士氣低落：目標不明、品質低落、

  因缺乏溝通而造成一些重大錯誤

- 員工士氣

  非常低落：員工表現出害怕、困惑、憤怒，大多對主管

  不滿

- （中階主管們）對公司營運狀況之認知

  缺乏認識：大多數主管只顧公司內部的運籌帷幄，一點

  也不在乎生意競爭或業務狀況主管之間甚至

  無法在小事情上達成共識

新白領階級

- 員工忠誠度

  非常緊繃，有些人考慮辭職、跳槽但大多數人認為時機
  總有好轉的一天，因此對公司的忠誠度還是很高

- 與高階主管們的關係

  對主管大多感到不滿

凱芮（Karet）

- 研究地點

  總公司及一間工廠

- 公司規模

  大型企業

- 產業類型

  重製造業

- 母公司

  大型單一產品企業

- 成立時間

  舊型壟斷式官僚主義，在進口競爭壓力下仍受到保護

- 訪談對象

  ❶ 中階主管：

  13 位，大都比區經理低 3-4 級，包括一位專案經理
  及一位工廠主管。

  ❷ 領導階層：

  我曾對其高階主管進行簡報，與會主管包括區經理、
  生產線主管及人力資源部主管。另外也與人力資源主

管作過訪問

・有否經過縮編

過去 3 年來因自然淘汰與外界刺激而縮編 20%

・公司結構之變革

仍以功能性為主嘗試成立跨部門的作業小組，但人們大多認為缺乏效率

・企業文化之轉變

非常困惑、對公司前途缺乏遠景空談員工參與及聯合作業小組勾心鬥角情形日益嚴重

・薪資制度

近來採取論功計酬，但遭到反彈

・內部溝通管道

大體而言十分缺乏溝通管道近來主管建立正式的意見表達管道，僅有兩位身受其利者對該制度大力讚揚，大多數仍非常質疑

・公司表現

財務狀況非常好，但根據主管們的說法，作業部門表現不佳─他們大都對工作感到困惑不已，產品發展進展不大，部門之間也頗多糾紛

・員工士氣

低落：員工們感到十分憤怒及氣餒，對專案主管們更是如此

・（中階主管們）對公司營運狀況之認知

缺乏認識：注意力完全集中於產品上，對公司所面臨之

競爭完全不在乎

· 員工忠誠度

漸趨低落，但大致而言仍十分忠心

· 與高階主管們的關係

對主管大都缺乏信心

利可（Lyco）

· 研究地點

新化學廠

· 公司規模

小型企業（員工人數由 0 擴張至 600）

· 產業類型

研發

· 母公司

大型單一產品企業

· 成立時間

歷史悠久、公司穩定，近來規定漸鬆

· 訪談對象

❶中階主管：

1989年21位、1992年8位技術工程師、技術指導，

包括3個階層之主管

❷領導階層：BU 主管、 BU 人力資源主管

· 有否經過縮編

有些員工面臨提早退休的壓力，有人擔心情況會更糟，
而這些情況都是前所未聞的

・公司結構之變革

近來轉型為業務與功能兼顧之公司，但時有紛亂企業文
化之轉變積極建立先進的員工參與風氣，完全開放式管
理，試圖充分授權給主管、技術工程師及專家營造輕鬆
的辦公氣氛，例如上班不須打領帶、穿西裝等

・薪資制度

依工作表現而有些許不同，近來無大改變

・內部溝通管道

有志一同的建立溝通管道—成立由各部門員工代表組成
之「代表大會」，積極提倡員工參與制員工自我保護
心態極重，心中有所畏懼，無法達到真正的「開放溝
通」

・公司表現

公司政策搖擺不定：標準無法貫徹、員工無法充分體
認，對於公司的情況，員工們眾說紛紜主管們認為部門
表現尚可，但不夠好

・員工士氣

非常低落：對於公司局面時有變化的情形感到擔憂

・（中階主管們）對公司營運狀況之認知

缺乏認識：對公司政策或競爭情形不了解

・員工忠誠度

受到嚴重衝擊，但大體而言仍十分忠心

- 與高階主管們的關係

   缺乏尊重，政策無法貫徹

馬克斯（Marks）

- 研究地點

   總公司及工廠

- 公司規模

   小型企業

- 產業類型

   機械

- 母公司

   大型企業集團

- 成立時間

   歷史悠久的公司，1962 年由大集團合併，經歷兩任總

   裁之擴張

- 訪談對象

   ❶ 中階主管：

      6 位工廠主管、人力資源主管及總裁

   ❷ 領導階層：

      總裁、人力資源經理另外針對 30 位主管作問卷調查

- 有否經過縮編

   經常解僱員工，公司中缺乏安全感目前已著手進行降低

   公司緊張情勢的計劃

- 企業文化之轉變

極重視科技，電腦是主要核心

- 薪資制度

  非常強調論功計酬

- 內部溝通管道

  人們對總裁的意見並無回應有些部門可能做出些許非正式回應

- 公司表現

  作業單位表現不佳—服務品質差，經常延遲交期財務尚可—生意競爭並不激烈

- 員工士氣

  非常低落：員工普遍對公司不滿並充滿挫折感

- （中階主管們）對公司營運狀況之認知

  對公司政策缺乏認知--主管們甚至不願意嘗試了解公司

- 員工忠誠度

  高，員工對公司有所期待並勇於發表意見

- 與高階主管們的關係

  缺乏真正的溝通

納得（Nadir）

- 研究地點

  總公司

- 公司規模

  大型企業

- 產業類型

    製造業

- 母公司

    大型綜合產品企業

- 成立時間

    歷史悠久，近乎壟斷，實行父權主義，競爭日漸激烈

- 訪談對象

    ❶ 中階主管：

    20 位（6 位個人訪問、14 位小組訪談）

    ❷ 領導階層：

    人力資源主管

- 有否經過縮編

    1985 年進行少數裁員，此後並逐步精簡人力

- 公司結構之變革

    由中央集權式、偏重功能性轉型為分詮釋偏重業務表現

    有許多工作小組，但組織鬆散、缺乏效率

- 企業文化之轉變

    （外聘的）上級主管力求「最高表現」，地方分權，重

    視客戶服務。大多數主管認為這麼做缺乏效率，只不過

    是追求一時流行。一年前新任高階主管就任，開始嚴格

    管理公司組織

- 薪資制度

    以工作目標為評量標準。近來薪資制度的變革引起員工

    反彈大部分主管不認同論功計酬制

- 內部溝通管道

  中階主管們普遍無法暢所欲言—他們的異議不被接受，
  關懷無從表達

- 公司表現

  不佳—財務上有進步，但生產部門表現不佳

- 員工士氣

  低落：員工大多感到憤怒、困惑、痛苦

- （中階主管們）對公司營運狀況之認知

  缺乏認知：基本上對公司政策及情形並不了解

- 員工忠誠度

  高：員工十分熱愛公司

- 與高階主管們的關係

  關係十分疏離：主管們大多不了解外聘而來之高階主管

新白領階級 ／ Charles Heckscher 作 ； 蔡佩眞 譯
-- 初版. -- 臺北市 ：弘智文化, 2000〔民89〕
　　面 ； 公分
　譯自 ： White-Collar Blues : management loyalties
in an age of corporate restructuring
　ISBN 957-0453-19-2 （平裝）
　1. 企業再造　2. 組織（管理）
494.2　　　　　　　　　　　　89016445

新白領階級　White-Collar Blues

【原　　著】 Charles Heckscher
【譯　　者】 蔡佩眞
【校 閱 者】 王雲龍
【出 版 者】 弘智文化事業有限公司
【登 記 證】 局版台業字第 6263 號
【地　　址】 台北市丹陽街 39 號 1 樓
【E-Mail 】 hurngchi@ms39.hinet.net
【郵政劃撥】 19467647　　戶名：馮玉蘭
【電　　話】（02）23959178．23671757
【傳　　眞】（02）23959913．23629917
【發 行 人】 邱一文
【總 經 銷】 旭昇圖書有限公司
【地　　址】 台北縣中和市中山路 2 段 352 號 2 樓
【電　　話】（02）22451480
【傳　　眞】（02）22451479
【製　　版】 信利印製有限公司
【版　　次】 2000 年 11 月初版一刷
【定　　價】 350 元（平裝）

ISBN　　957-0453-19-2

本書如有破損、缺頁、裝訂錯誤，請寄回更換！（Printed in Taiwan）